JN024747

IRT項目反応理論入門

統計学の基礎から学ぶ
良質なテストの作り方

高橋 信 ● 著

Item Response Theory

まえがき

本書は、良質なテストの作成に役立つ知識である、そして各受験者の真の能力を適切に推定できる、**項目反応理論**についての書籍です。項目反応理論が具体的にどういうものかは、この「まえがき」に続く「項目反応理論ってなに？」で説明します。

項目反応理論は**項目応答理論**とも**IRT**とも呼ばれます。IRTは「Item Response Theory」の略語であり、

Item	＝	項目
Response	＝	反応（応答）
Theory	＝	理論

という関係にあります。項目とは、テストに含まれるひとつひとつの問題のことです。反応（応答）とは、正答したか誤答したかのことです。

本書の構成は次のとおりです。ここには記していないのですけれども、3つの話題からなる付録もあります。

本書では計算の過程を細かく説明しています。数学が得意な読者はじっくり確認していくといいでしょう。あまり得意でない読者と時間に余裕のない読者は眺める程度で充分です。つまり、「とにかくこういう手順を踏めばいいようだ」といった具合に、おおまかな流れをつかむ程度で充分です。無理に今すぐ理解しようとする必要はありません。あせらずのんびりいきましょう。ただし必ず眺めるようにはしてください。

四捨五入などの都合で、読者が自分自身で計算した場合の値と本書の値とが比較的に一致しない箇所があるはずです。ご了承ください。

私に執筆の機会をくださった、株式会社オーム社の皆様にお礼申し上げます。漫画とイラストを担当された、もりお氏にお礼申し上げます。

2021 年 10 月

高橋　信

項目反応理論ってなに？

それではさっそく項目反応理論を説明します。

♪　♪　♪　♪

20問からなるテストのうちの17問以上に正答すれば取得できる、年に1回実施される資格試験があります。その資格の取得を強く奨励しているとともに取得した社員には資格手当を支給している株式会社セキグチにおいて、取得できた新入社員は、昨年は7割弱で今年は全員であったそうです。

全員が取得できたのですから、今年の新入社員は俊英ぞろいなのかもしれません。しかし、実は今年の新入社員の質と昨年の新入社員の質に大差はなく、昨年よりも今年のテストの問題のほうが易しかっただけという可能性も否定できないのではないでしょうか。という疑念に対して、「いやいや、質にムラが生じないように、テスト作成陣は知恵を絞っているに決まっているではないか！」と言いたくなる人もいることでしょう。なるほど、資格の価値の評判を落とすわけにはいかないでしょうから、作成陣が熟考に熟考を重ねているのは間違いないと思われます。では彼らは何を拠り所として質を保とうとしているのでしょうか。筆者が想像するに、客観性に乏しい、長年の経験と勘です。そのような“職人芸”でテストが本当に作成されているのだとしたなら、資格取得者の増加が会社の信用を高めると考えている株式会社セキグチの上層部にとっても、資格の取得が給与の多寡に直結している株式会社セキグチの社員にとっても、理不尽な話ではないでしょうか。

視力検査を思い起こしてください。視力検査では、大きさと切れ目の異なる、ランドルト環という客観的な基準が「本番の検査」以前に定められています。視力が1.0の人は（理屈のうえでは）必ず1.0と判定されますし、判定に不服を唱える人は誰もいません。視力検査におけるランドルト環に相当する客観的な基準を「リハーサルのテスト」で編み出し、その基準に則って「リハーサルのテスト」と「本番のテスト」の各受験者の能力を推定する、それが**項目反応理論**です[†1]。

項目反応理論で推定されるのは各受験者の能力だけではありません。各問題の難しさを意味する**困難度**と、**識別力**と**当て推量**も推定されます[†2]。ただしそういったものの推定は、項目反応理論において、手段にすぎません。では項目反応理論の目的は何かと言うと、困難度などが異なる多種多様な夥（おびただ）しい量の問題をテスト作成陣の手元に蓄えるとともに、それらのうちの何問かからなる、次の3つのような新たなテストを必要に応じて作成することです。

例1

困難度の高い問題だけからなる、上級者向けのテストを作成する。あるいは、困難度の低い問題だけからなる、初級者向けのテストを作成する。

†1　能力の推定値を算出する方法は第4章で説明します。なお本書で「能力」と呼んでいるものを項目反応理論では**特性**とか**潜在特性**とも呼びます。

†2　困難度と識別力と当て推量の詳細は第3章で説明します。

例２

困難度が酷似している２問を 75 組選び、全ての問題が異なるけれども困難度は等しい、75 問からなる２組のテストを作成する。

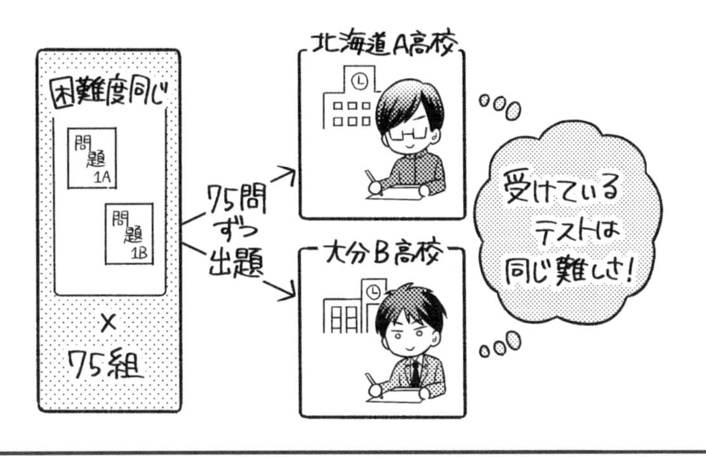

例３

視力検査で重要なのは、どの大きさのランドルト環まで正答できるかである。より小さなランドルト環に正答できるほど、視力が高いと判定される。

コンピュータによる視力検査を想像してほしい。1.0 のランドルト環に柚木さんが３回連続で正答したなら、当てずっぽうでその結果を得たとは考えにくいので、柚木さんの視力が 1.0 以上なのは確実だと言える。それゆえ、1.0 のランドルト環をさらに提示する必要がないので、1.2 のランドルト環を提示する。３回連続で正答したなら柚木さんの視力が 1.2 以上なのは確実だと言えるし、そうでなければ 1.0 以上 1.2 未満だと判定するのが穏当である。

視力検査と同様に考える。テストで重要なのは、どの困難度の問題まで正答できるかである。より困難度の高い問題に正答できるほど、能力が高いと判定される。

コンピュータによるテストを想像してほしい。困難度が 1.0 の問題に柚木さんが 3 回連続で正答したなら、当てずっぽうでその結果を得たとは考えにくいので、柚木さんの能力が 1.0 以上なのは確実だと言える。それゆえ、困難度が 1.0 の問題をさらに提示する必要がないので、1.2 の問題を提示する。3 回連続で正答したなら柚木さんの能力が 1.2 以上なのは確実だと言えるし、そうでなければ 1.0 以上 1.2 未満だと判定するのが穏当である。なお後者の場合は、たとえば困難度を「1.15 → 1.1 → 1.05 →…」と変化させるなどして柚木さんの能力を推定する。

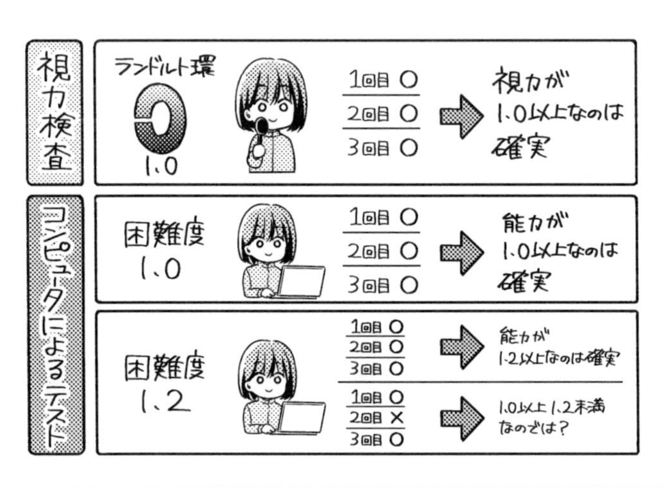

項目反応理論では問題の使い回しを積極的に認めます。言いかえると、ものすごく困難度の高い問題であっても“攻略マニュアル”が出現すると誰もが正答できるようになって困難度が意味をなさなくなるわけですから、テスト作成陣は手元に蓄えた問題を公表してはなりません。

もし 500 問からなるリハーサルのテストを実施すれば、困難度などの推定された 500 問がテスト作成陣の手元に蓄えられます。しかし常識的に考えて、分野によるであろうとは言え、500 問も解いてもらうのは容易でないと思われます。解いてもらえて蓄えられたとしても、それら 500 問をつぎはぎして本番のテストを作成し続けていれば、現在は SNS などが発達しているわけですから、どんなに作成陣が秘匿を心がけたところで 500 問の全貌は遠くない将来に明らかになります。したがってテスト作成陣には、新たな問題を蓄え続ける不断の努力が欠かせません[†3]。

♪　♪　♪　♪

項目反応理論では、テストに含まれる問題ごとに、**項目特性曲線**と呼ばれる下図のような曲線が推定されます。

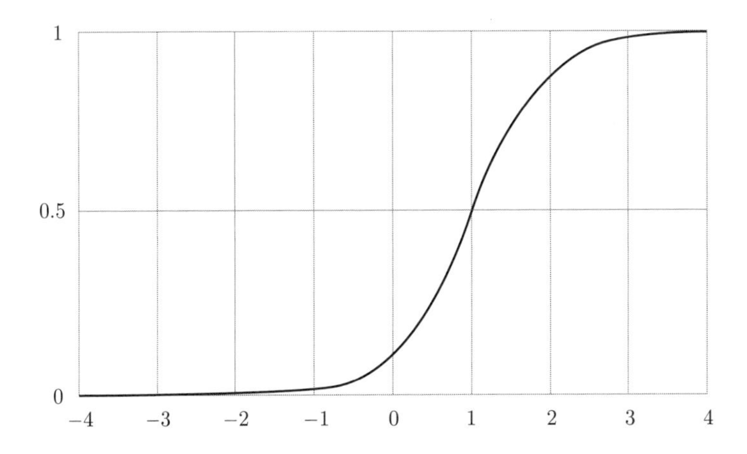

図の横軸が意味しているのは能力です。能力は、ギリシャ共和国で使われている、ギリシャ文字の θ で表記するのが一般的です。θ のとりうる値の範囲は、理屈のうえでは「$-\infty < \theta < \infty$」なのですけれども、実際のところは「$-4 \leq \theta \leq 4$」だと判断して問題ありません[†4]。

†3　新たな問題を蓄える方法は第 6 章で説明します。

†4　なぜ「$-4 \leq \theta \leq 4$」と判断して問題ないかと言うと、能力 θ は**標準正規分布**にしたがうと項目反応理論では（少なくない場合において）仮定するからです。なおかつ標準正規分布の**確率密度関数**の**定積分**について以下の関係が成立するからです。式中の「≈」は「似ている」という意味の記号です。標準正規分布と確率密度関数と定積分については第 2 章で説明するので、それらの知識を有していない読者はこの脚注をひとまず無視してください。

$$\int_{-\infty}^{\infty} \frac{1}{\sqrt{2\pi}} \exp\left(-\frac{\theta^2}{2}\right) d\theta \approx \int_{-4}^{4} \frac{1}{\sqrt{2\pi}} \exp\left(-\frac{\theta^2}{2}\right) d\theta$$

図の縦軸が意味しているのは正答割合です。たとえば図において、$\theta = 1$ における項目特性曲線の高さは 0.5 です。つまり、能力 θ の値がちょうど 1 である人々から無作為に 100 人を連れてきて、この項目特性曲線に対応する問題に取り組ませたら、

$$100\text{ 人} \times 0.5 = 50\text{ 人}$$

が正答します[†5]。同様に次のこともわかります。

- $\theta = -4$ である 100 人を連れてきてこの問題に取り組ませたら、ほぼ全員が正答しない。
- $\theta = 4$ である 100 人を連れてきてこの問題に取り組ませたら、ほぼ全員が正答する。
- 能力 θ の値が大きいほど正答割合が高い。
- 正答割合に冷静に注目すると、$-4 \leq \theta \leq -1$ ではほぼ 0 であり、$\theta = 1$ でも 0.5 でしかない。つまりこの問題は易しくない。

項目反応理論の説明はここまでです。良質なテストの作成に役立つ知識であることがわかってもらえたはずです。

†5　もちろん現実には、おそらく、ぴったり 50 人にはならないでしょう。平たく説明すると、という譬(たと)え話です。

目　次

付　録　125

第1部

項目反応理論

準備

うーん…
ゆのき なほ
柚木 菜穂
大学生
ただいまー
あっ
お姉ちゃん
おかえりー
あら
勉強中？
ゆのき かずは
柚木 和葉
社会人
うん！
じゃーん！
XX語学
資格
攻略問題集
私コレ受けることに
したんだ！
ああ！
私も確か
菜穂と同じ学年の時に
その資格取ったなー
えっ！
お姉ちゃん
取ってたの

何か
問題だそうか？
ぷいっ
お姉ちゃんの
施しは受けない！
うん
就活に有利らしい
とかって聞いてね
ぐぬぬ
やれやれ
ほんと
負けず嫌い
なんだから…
絶対合格！
不合格だ――っ！
わーん！
残念だった
わねえ…
後日――
スコア
わなわな
ど…
どうして…

だって
テストの難易度が
毎回違ってたら
受験する人の力量を
きちんと調べられないでしょ

それに
あの資格のテストはね
IRT(項目反応理論)に基づいて
作成されているのよ
IRT…？
って何…？

IRTの仕組みを
理解するには
統計学っていうか
数学の知識が
必要なんだけど…
げっ
数学かあ…
あんまり得意じゃ
ないんだけど…

うっ
不合格だったの
納得いかないし…
詳しく教えて！
ものすごく
難しいわけじゃ
ないよ
私でよければ
説明して
あげようか？
やれやれ

IRT入門
がんばるぞー!
おーっ!!

第 1 章

数学の基礎知識

1.1 はじめに

本章で説明するのは、本書の本題である項目反応理論を理解するにあたって必要な、数学の基礎知識です。

高校理系程度の知識を有する読者は読まずに飛ばしてかまいません。と言いたいところですが、せっかくの機会ですから、本章で復習しておくといいでしょう。

本書の説明で使う記号について注意があります。高校までの数学では、主従関係における「主」の役割を担う記号は x であり、「従」の役割を担う記号は y でした。大人の数学では違います。もちろん、わざわざ慣習に抗(あらが)っても意味がないので、「主」が x で「従」が y であるという原則はあります。しかし論じている事柄が不明瞭にさえならなければ、

- $y = 2\theta - 1$　←　x でなく θ を「主」に使ってもかまわない！
- $f(y) = 2y - 1$　←　x でなく y を「主」に使ってもかまわない！
- $\pi(\theta) = 2\theta - 1$　←　f でなく π を使ってもかまわない！

といった具合に、どの場面にどの記号を使おうとかまいません[†1]。

†1　角度を意味する場面でないのに θ を使っているのみならず、関数を $f(x)$ でなく $\pi(\theta)$ と表記していることに強烈な違和感を覚えた読者は少なくないでしょう。ぜひ慣れてください。なぜなら次章で実際に用いるからです。

1.2 ギリシャ文字

数学では、α（アルファ）や θ（シータ）などの**ギリシャ文字**が多用されます。ギリシャ文字とは、その名のとおり、ギリシャ共和国で使われている文字のことです。

ギリシャ文字を表にまとめました。「読み方①」は現代のギリシャの読み方です[†2]。「読み方②」は日本の慣用の読み方です。

大文字	小文字	読み方①	読み方②
A	α	アルファ	アルファ
B	β	ヴィタ	ベータ
Γ	γ	ガマ	ガンマ
Δ	δ	ゼルタ	デルタ
E	ε	エプシロン	エプシロン、イプシロン
Z	ζ	ジタ	ゼータ
H	η	イタ	イータ
Θ	θ	シタ	シータ
I	ι	ヨタ	イオタ
K	κ	カパ	カッパ
Λ	λ	ラムザ	ラムダ
M	μ	ミ	ミュー
N	ν	ニ	ニュー
Ξ	ξ	クシ	グザイ
O	o	オミクロン	オミクロン
Π	π	ピ	パイ
P	ρ	ロ	ロー
Σ	σ	シグマ	シグマ
T	τ	タフ	タウ
Υ	υ	イプシロン	イプシロン、ウプシロン
Φ	ϕ	フィ	ファイ
X	χ	ヒ	カイ
Ψ	ψ	プシ	プサイ
Ω	ω	オメガ	オメガ

†2　木戸雅子『まずはこれだけギリシャ語』（国際語学社）に拠ります。

1.3 「n 乗」の表記のルール

「n 乗」の表記のルールは下表のとおりです。ルールなのですから、「なぜ？」という疑問を抱くのは不適切です[†3]。そういうものだと割り切ってください。ともあれ下表を概観するにあたっては、まず列ごとに上から下に眺めて、つぎに行ごとに左から右に眺めてください。

$$\left(\frac{1}{10}\right)^3 = \frac{\left(\frac{1}{10}\right)^4}{\frac{1}{10}} = \frac{\frac{1}{10}\times\frac{1}{10}\times\frac{1}{10}\times\frac{1}{10}}{\frac{1}{10}} = \frac{1}{10}\times\frac{1}{10}\times\frac{1}{10} = \frac{1}{10^3} = 10^{-3}$$

$$\left(\frac{1}{10}\right)^2 = \frac{\left(\frac{1}{10}\right)^3}{\frac{1}{10}} = \frac{\frac{1}{10}\times\frac{1}{10}\times\frac{1}{10}}{\frac{1}{10}} = \frac{1}{10}\times\frac{1}{10} = \frac{1}{10^2} = 10^{-2}$$

$$\left(\frac{1}{10}\right)^1 = \frac{\left(\frac{1}{10}\right)^2}{\frac{1}{10}} = \frac{\frac{1}{10}\times\frac{1}{10}}{\frac{1}{10}} = \frac{1}{10} = \frac{1}{10^1} = 10^{-1}$$

$$\left(\frac{1}{10}\right)^0 = \frac{\left(\frac{1}{10}\right)^1}{\frac{1}{10}} = \frac{\frac{1}{10}}{\frac{1}{10}} = 1 = \frac{1}{10^0} = 10^0$$

$$\left(\frac{1}{10}\right)^{-1} = \frac{\left(\frac{1}{10}\right)^0}{\frac{1}{10}} = \frac{1}{\frac{1}{10}} = 10 = \frac{1}{10^{-1}} = 10^1$$

$$\left(\frac{1}{10}\right)^{-2} = \frac{\left(\frac{1}{10}\right)^{-1}}{\frac{1}{10}} = \frac{10}{\frac{1}{10}} = 10\times10 = \frac{1}{10^{-2}} = 10^2$$

$$\left(\frac{1}{10}\right)^{-3} = \frac{\left(\frac{1}{10}\right)^{-2}}{\frac{1}{10}} = \frac{10\times10}{\frac{1}{10}} = 10\times10\times10 = \frac{1}{10^{-3}} = 10^3$$

---

†3　たとえば「なぜサッカーの１チームは 11 人からなるのか？」という疑問は、サッカーの歴史を調べる契機としては、あるいはサッカーを発展させたスポーツを新たに創設する契機としては、有用であろうと思います。しかしサッカーをやるうえでは無用です。なぜなら、１チームが 11 人からなるというのは、ルールなのですから。それと同じことです。

1.4 ネイピア数

$\frac{2}{5}$ や $\frac{1}{3}$ などのように、分子も分母も整数からなる分数で表現できる数を**有理数**と言います。そうでない数を**無理数**と言います。たとえば 9 は、$\frac{9}{1}$ とも表現できますから、有理数です。

n が無限大である場合の $\left(1+\frac{1}{n}\right)^n$ を**ネイピア数**と言い、e と表記します。ネイピア数は無理数であり、

$$e=2.718281\cdots$$

です。ちなみに名称はイギリス人のジョン＝ネイピアに由来します。

たとえば e^{x^2} を、誤読を避けるために、$\exp(x^2)$ と表記する場合があります。

1.5 逆関数

１次関数である、

$$y = 2x + 1$$

を使って説明します。

たとえば x の値が 0 である場合の y の値は、

$$y = 2 \times 0 + 1 = 1$$

です。x の値が 3 である場合の y の値は、

$$y = 2 \times 3 + 1 = 7$$

です。このように、当然ながら、x がある値に定まってこそ y の値も定まります。つまり x は「主」の立場にあり y は「従」の立場にあるわけです。x は「王様」で y は「召使い」であると表現してもいいでしょう。

逆関数とは、王様と召使いの立場が入れ替わった世界のことです。たとえば「$y = 2x + 1$ の逆関数」は、

$$x = 2y + 1$$

です。ただし普通は、このままだと左辺が x で式の意味を理解しづらいので、

$$y = \frac{1}{2}x - \frac{1}{2}$$

と整理します。

逆関数を視覚的にも説明します。$y = 2x + 1$ のグラフは、

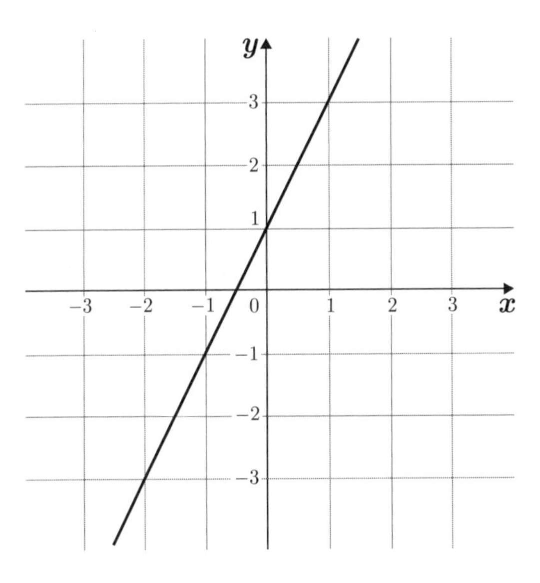

です。x 軸を「y」と書き替え、y 軸を「x」と書き替えると、

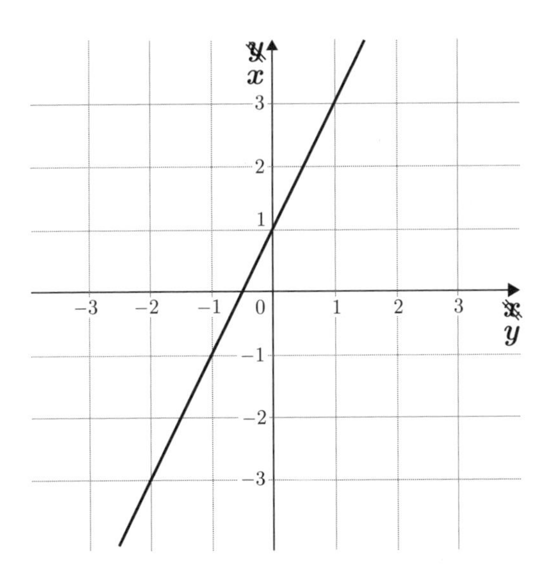

です。横方向を x 軸にするため反時計回りに 90 度回転させると、

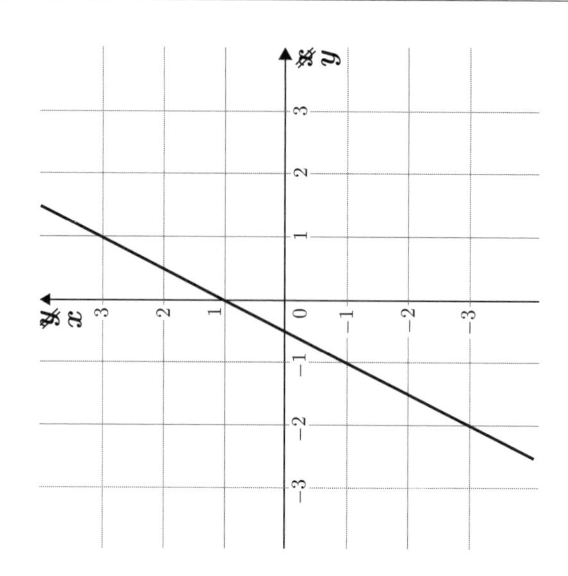

です。x軸の左右が反対なので表裏をひっくり返すと、

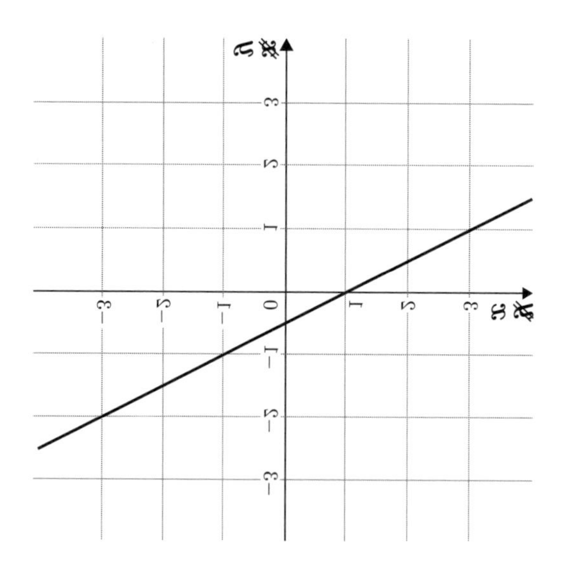

です。この直線が、$y=2x+1$ の逆関数である、$y=\frac{1}{2}x-\frac{1}{2}$ です。

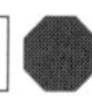

1.6 指数関数と対数関数

下図のようなものを**指数関数**と言います。たとえば$\left(\frac{1}{2}\right)^0 = 1$であることからわかるように、指数関数のグラフは必ず点$(0, 1)$を通ります。

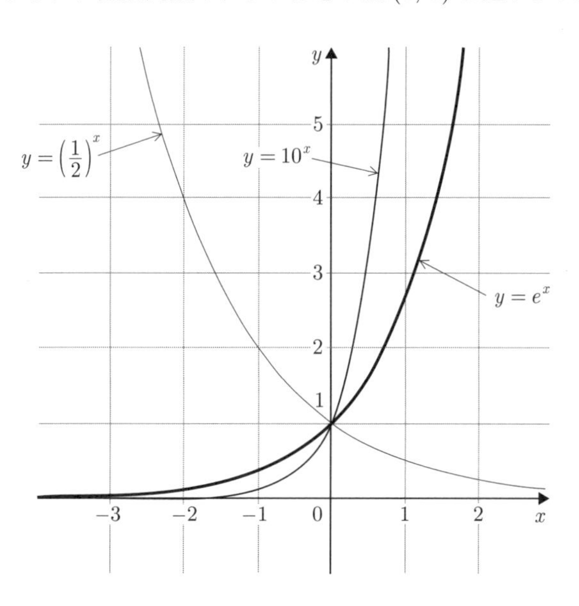

指数関数の逆関数を**対数関数**と言います。対数関数のグラフは必ず点$(1, 0)$を通ります。

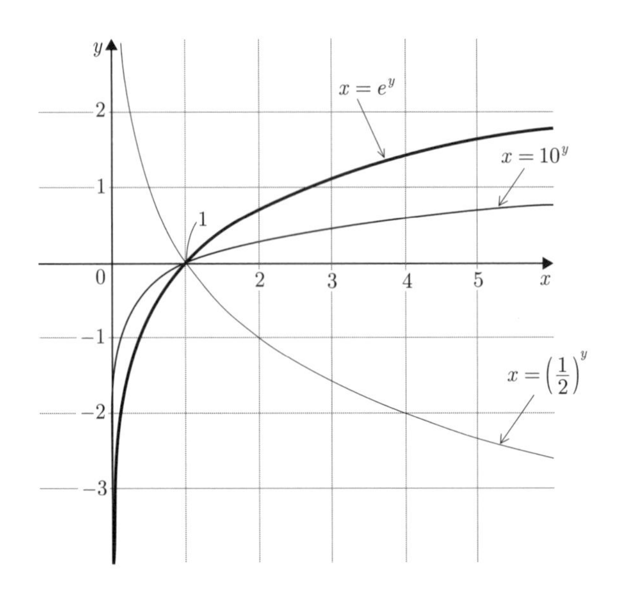

$y=e^x$ の逆関数である $x=e^y$ を「e を底とする対数関数」とか**自然対数関数**と言います。「$x=e^y$」という表記は意味がわかりづらいので、「$y=\log_e x$」や「$y=\log x$」などと書く決まりになっています。本書のこれ以降では後者の表記を用います。

指数関数と対数関数の特徴を 7 つ示します。

特徴 1

$e^A \times e^B$　と　e^{A+B}　は等しい。

話をわかりやすくするため、$\begin{cases} A=3 \\ B=5 \end{cases}$ として確認します。

確認しましょう

$$e^3 \times e^5 = (e \times e \times e) \times (e \times e \times e \times e \times e) = \underbrace{e \times \cdots \times e}_{8} = e^8 = e^{3+5}$$

$(e^A)^B$　と　$e^{A\times B}$　は等しい。

話をわかりやすくするため、$\begin{cases} A=3 \\ B=5 \end{cases}$ として確認します。

確認しましょう

$$(e^3)^5 = \underbrace{e^3\times\cdots\times e^3}_{5} = \underbrace{(e\times e\times e)\times\cdots\times(e\times e\times e)}_{5} = \underbrace{e\times\cdots\times e}_{15} = e^{15} = e^{3\times 5}$$

特徴3

$\dfrac{e^A}{e^B}$　と　e^{A-B}　は等しい。

話をわかりやすくするため、$\begin{cases} A=3 \\ B=5 \end{cases}$ として確認します。

確認しましょう

$$\frac{e^3}{e^5} = \frac{e\times e\times e}{e\times e\times e\times e\times e} = \frac{\cancel{e}\times\cancel{e}\times\cancel{e}}{\cancel{e}\times\cancel{e}\times\cancel{e}\times e\times e} = \frac{1}{e^2} = e^{-2} = e^{3-5}$$

特徴4

A　と　$\log(e^A)$　は等しい。

話をわかりやすくするため、$A=3$ として確認します。

確認しましょう

16 ページで述べたように、$y=\log x$ と $x=e^y$ は同じ意味です。と言うことはつまり、$\alpha=\log(e^3)$ とおくと、$\alpha=\log(e^3)$ と $e^3=e^\alpha$ は同じ意味です。さて、$e^3=e^\alpha$ なのですから、

$$3 = \alpha$$

です。したがって、$\alpha = \log(e^3)$ なのですから、

$$3 = \log(e^3)$$

が成立します。

特徴5

$\log(A^B)$　と　$B \times \log A$　は等しい。

話をわかりやすくするため、$\begin{cases} A = 3 \\ B = 5 \end{cases}$として確認します。

確認しましょう

$\alpha = \log 3$ とおくと、これと $3 = e^\alpha$ は同じ意味です。さて $3 = e^\alpha$ は以下のように書き替えられます。

$$\begin{aligned} 3^5 &= \left(e^\alpha\right)^5 \\ &= e^{\alpha \times 5} \\ &= e^{5 \times \alpha} \end{aligned}$$

両辺を5乗しました。

特徴2より。

$$\begin{aligned} \log\left(3^5\right) &= \log\left(e^{5 \times \alpha}\right) \\ &= 5 \times \alpha \end{aligned}$$

特徴4より。

したがって、$\alpha = \log 3$ なのですから、

$$\log\left(3^5\right) = 5 \times \log 3$$

が成立します。

特徴6

$\log A + \log B$　と　$\log(A \times B)$　は等しい。

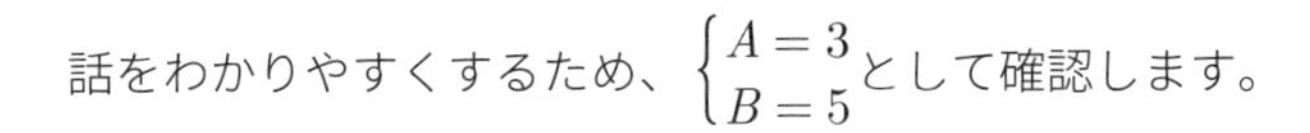

話をわかりやすくするため、$\begin{cases} A=3 \\ B=5 \end{cases}$として確認します。

確認しましょう

$\begin{cases} \alpha=\log 3 \\ \beta=\log 5 \\ \gamma=\log(3\times 5) \end{cases}$　とおくと、これと$\begin{cases} e^{\alpha}=3 \\ e^{\beta}=5 \\ e^{\gamma}=3\times 5 \end{cases}$　は同じ意味です。さて $e^{\alpha}\times e^{\beta}=3\times 5$ は、特徴 1 より、

$$e^{\alpha}\times e^{\beta}=e^{\alpha+\beta}=3\times 5$$

と書き替えられます。したがって、

$$e^{\alpha+\beta}=3\times 5=e^{\gamma}$$

が成立します。つまり、

$$\alpha+\beta=\gamma$$
$$\log 3+\log 5=\log(3\times 5)$$

が成立します。

特徴 7

$\log A-\log B$　と　$\log\dfrac{A}{B}$　は等しい。

話をわかりやすくするため、$\begin{cases} A=3 \\ B=5 \end{cases}$として確認します。

確認しましょう

$\begin{cases} \alpha=\log 3 \\ \beta=\log 5 \\ \gamma=\log\dfrac{3}{5} \end{cases}$ とおくと、これと$\begin{cases} e^{\alpha}=3 \\ e^{\beta}=5 \\ e^{\gamma}=\dfrac{3}{5} \end{cases}$ は同じ意味です。さて $\dfrac{e^{\alpha}}{e^{\beta}}=\dfrac{3}{5}$ は、

特徴3より、

$$\frac{e^{\alpha}}{e^{\beta}} = e^{\alpha-\beta} = \frac{3}{5}$$

と書き替えられます。したがって、

$$e^{\alpha-\beta} = \frac{3}{5} = e^{\gamma}$$

が成立します。つまり、

$$\alpha - \beta = \gamma$$

$$\log 3 - \log 5 = \log \frac{3}{5}$$

が成立します。

1.7 足し算を意味する記号「シグマ」

数学ではたとえば、

$$x_1 + x_2 + x_3 + x_4 + x_5 + x_6 + x_7$$

という足し算を、ギリシャ文字の Σ（シグマ）を使って、

$$\sum_{h=1}^{7} x_h$$

と略記する場合があります。つまり、

$$\sum_{h=1}^{7} x_h = x_1 + x_2 + x_3 + x_4 + x_5 + x_6 + x_7$$

です。

略記する際に使う文字の種類は、h でなく、たとえば i でも n でもかまいません。なぜなら、

$$\sum_{n=1}^{7} x_n = x_1 + x_2 + x_3 + x_4 + x_5 + x_6 + x_7 = \sum_{i=1}^{7} x_i$$

といった具合に、文字の種類と足し算の結果は無関係であるからです。

前段落の足し算の例は、「x_1 から x_7 までの 7 個」でした。数学では、そういった具体的な個数でなく、たとえば「x_1 から x_H までの H 個」という抽象的な個数の足し算をおこなう場合もたくさんあります。Σ を使って表現すると、

$$\sum_{h=1}^{H} x_h$$

です。

筆者のこれまでの見聞によれば、数学の勉強から脱落した原因のひとつとして Σ の出現を挙げる人は少なくありません。たしかに Σ は、

- 教員が黒板に書く手間を軽減できる。
- 書籍の紙面を節約できる。

という利点があるので「教える側」にとっては便利な記号である一方で、視覚的な抽象度が高まるので「教わる側」にとっては迷惑な存在であるかもしれません。しかし、苦手意識を有する人にとっては信じ難いかもしれませんが、Σ を使ってあったほうが理解しやすい場合もあるのです。今後の人生をいっそう実りあるものにしたいのなら Σ を克服したほうがいい、そう筆者は強く助言します。

Σ の特徴を 3 つ示します。

特徴 1

$\displaystyle\sum_{h=1}^{H}(x_h+y_h)$ と $\displaystyle\sum_{h=1}^{H}x_h+\sum_{h=1}^{H}y_h$ は等しい。

話をわかりやすくするため、$H=3$ として確認します。

確認しましょう

$$
\begin{aligned}
\sum_{h=1}^{3}(x_h+y_h) &= (x_1+y_1)+(x_2+y_2)+(x_3+y_3)\\
&= (x_1+x_2+x_3)+(y_1+y_2+y_3)\\
&= \sum_{h=1}^{3}x_h+\sum_{h=1}^{3}y_h
\end{aligned}
$$

$\sum_{h=1}^{H}(C \times x_h)$　と　$C \times \sum_{h=1}^{H} x_h$　は等しい。

話をわかりやすくするため、$\begin{cases} H=3 \\ C=10 \end{cases}$ として確認します。

確認しましょう

$$\begin{aligned}
\sum_{h=1}^{3}(10 \times x_h) &= 10 \times x_1 + 10 \times x_2 + 10 \times x_3 \\
&= 10 \times (x_1 + x_2 + x_3) \\
&= 10 \times \sum_{h=1}^{3} x_h
\end{aligned}$$

特徴 3

$\sum_{h=1}^{H} C$　と　$C \times H$　は等しい。

話をわかりやすくするため、$\begin{cases} H=3 \\ C=10 \end{cases}$ として確認します。

確認しましょう

$$\begin{aligned}
\sum_{h=1}^{3} 10 &= \sum_{h=1}^{3}(0 \times x_h + 10) \\
&= (0 \times x_1 + 10) + (0 \times x_2 + 10) + (0 \times x_3 + 10) \\
&= (0 + 10) + (0 + 10) + (0 + 10) \\
&= 10 + 10 + 10 \\
&= 10 \times 3
\end{aligned}$$

第2章

統計学の基礎知識

2.1 はじめに

本章で説明するのは、本書の本題である項目反応理論を理解するにあたって必要な、統計学の基礎知識です。

2.2 平方和と分散と標準偏差

下表に記されているのは、ある自動車販売店における先月の営業成績です。

	営業１課（台）
アさん	4
イさん	0
ウさん	1
エさん	3
オさん	2

	営業２課（台）
ロさん	2
ハさん	3
ニさん	2
ホさん	2
ヘさん	1

上表を図にしたものが下図です。

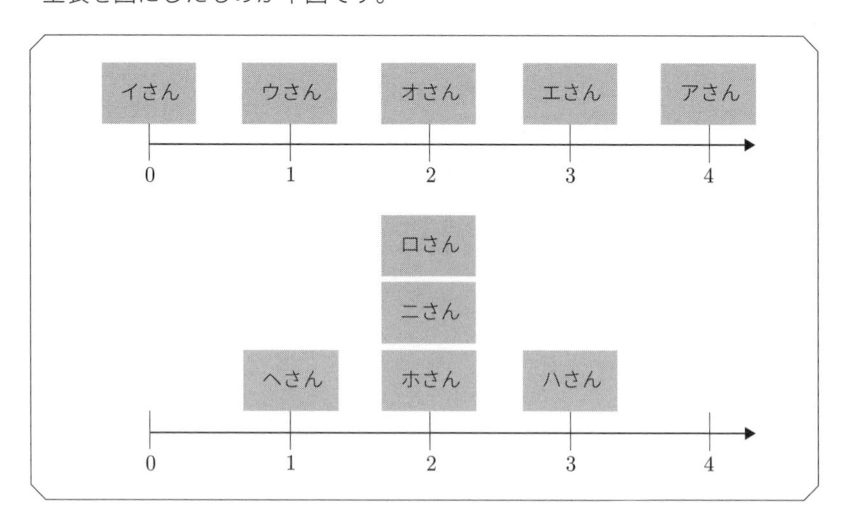

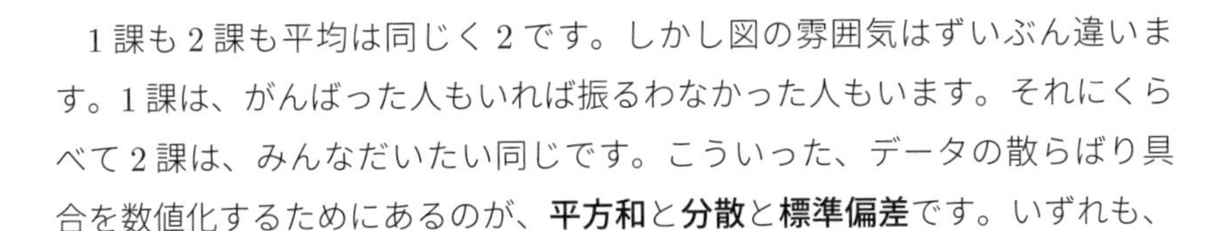

1課も2課も平均は同じく2です。しかし図の雰囲気はずいぶん違います。1課は、がんばった人もいれば振るわなかった人もいます。それにくらべて2課は、みんなだいたい同じです。こういった、データの散らばり具合を数値化するためにあるのが、**平方和**と**分散**と**標準偏差**です。いずれも、

- 最小値は0である。
- データの散らばり具合が大きいほど値が大きくなる。

という特徴があります。

平方和は、平均を基準地点としたうえで、データの散らばり具合を数値化したものです。

$$(\text{個々のデータ} - \text{平均})^2 \text{を足したもの}$$

という計算で求められます。データの個数が多くなるほど値も大きくなるという致命的な弱点が存在するため、さまざまな分析手法の計算過程でしばしば活躍する有益な存在ではあるものの、データの散らばり具合をあらわす指標としては実際のところあまり使われません。

分散は、平方和の弱点が解消されたものです。

$$\frac{\text{平方和}}{\text{データの個数}}$$

という計算で求められます[†1]。

標準偏差は、本質的には分散と同じものです。

$$\sqrt{\text{分散}}$$

という計算で求められます。

†1 ちなみに分散には、本書の本題ではないので詳しくは説明しませんけれども、分母を「データの個数」でなく「データの個数ひく1」とする、**不偏分散**という種類も存在します。

1課の平方和と分散と標準偏差を下表に記しました。

平方和	$(4-2)^2+(0-2)^2+(1-2)^2+(3-2)^2+(2-2)^2$ $=4+4+1+1+0$ $=10$
分散	$\frac{10}{5}=2$
標準偏差	$\sqrt{2}$

分散のルートにすぎない標準偏差の存在意義に疑問を感じた読者がいるかもしれません。分散の分子である、平方和の計算に注目してください。2乗しています。したがって平方和の単位は「台^2」です。2乗を解いて「台」にするにはどうしたらいいかと言えば、ルートを計算すればいいのです。そう、言わば“単位をもとどおりにした指標”として標準偏差は存在するのです。

2.3 基準化と基準値

基準化と基準値

下表に記されているのは、国語と社会のテスト結果です。

	国語	社会
生徒 1	100	28
生徒 2	26	100
生徒 3	67	27
生徒 4	82	54
生徒 5	99	33
生徒 6	45	14
生徒 7	56	25
生徒 8	65	30
生徒 9	93	40
生徒 10	67	49
平均	70	40

生徒 1 の国語も生徒 2 の社会も、満点である 100 点です。それゆえ「2 人ともがんばったね！」と言いたくなるところですが、話は単純ではありません。平均点に注目してください。国語よりも社会のほうが低く、すなわち社会のほうが難しかったわけです。そのようなテストで 100 点を取ったのですから、同じ 100 点でも、生徒 2 のほうのそれに価値があると結論づけられます。

もうひとつ例を挙げます。次表に記されているのは、数学と英語のテスト結果です。

	数学	英語
生徒1	100	50
生徒2	42	100
生徒3	65	55
生徒4	87	58
生徒5	58	46
生徒6	53	47
生徒7	44	48
生徒8	29	54
生徒9	18	53
生徒10	64	49
平均	56	56
標準偏差	23.6	15.1

生徒1の数学も生徒2の英語も、満点である100点です。それゆえ「2人ともがんばったね！」と言いたくなるところですが、話は単純ではありません。平均点に注目してください。どちらも56点です。したがって2人の100点の価値は同じかと言えば、同じではないのです。標準偏差に注目してください。数学よりも英語のほうが小さく、すなわち英語のほうが得点の散らばり具合が小さかったわけです。散らばり具合が小さかったということはつまり、各生徒の得点が似ていて、わずかな失点で順位が変わるような熾烈な競争であったということです。そのような"1点の重み"が重いテストで100点を取ったのですから、同じ100点でも、生徒2のほうのそれに価値があると結論づけられます。

いま挙げた2つの例では、どちらも生徒が10人しかいなかったので、100点の価値の検討が目視でできました。しかし大手進学塾のように何百人何千人のデータを相手にする場合は無理です。そこで使われるのが、**基準化**とか**標準化**と呼ばれる、

$$\frac{\text{個々のデータ}-\text{平均}}{\text{標準偏差}}$$

というデータ変換です。変換後のデータは**基準値**や**標準得点**などと呼ばれます。

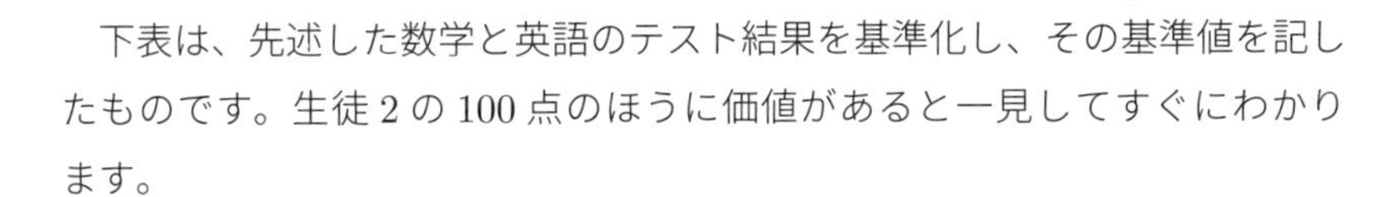

下表は、先述した数学と英語のテスト結果を基準化し、その基準値を記したものです。生徒 2 の 100 点のほうに価値があると一見してすぐにわかります。

	数学	英語
生徒 1	1.865	−0.397
生徒 2	−0.593	2.911
生徒 3	0.381	−0.066
生徒 4	1.314	0.132
生徒 5	0.085	−0.662
生徒 6	−0.127	−0.596
生徒 7	−0.509	−0.529
生徒 8	−1.144	−0.132
生徒 9	−1.610	−0.199
生徒 10	0.339	−0.463
平均	0	0
標準偏差	1	1

生徒 2 の英語の基準値

$$= \frac{100-56}{15.1}$$

$$= 2.911$$

基準値には次の特徴があります。重要です。

- 満点が何点の変数であっても、その基準値の平均は 0 で標準偏差は 1 である。
- どのような単位の変数であっても、たとえば cm であっても kg であっても、その基準値の平均は 0 で標準偏差は 1 である。

偏差値

偏差値とは、基準値を 10 倍して 50 を足した、

$$偏差値 = 基準値 \times 10 + 50$$

のことです。基準値の特徴を踏まえれば想像できるように、偏差値の平均は 50 であり、偏差値の標準偏差は 10 です。念のために記すと、平均点に等しい得点の人の偏差値は 50 です。

偏差値の解釈について注意があります。たとえば、ある生徒が予備校のテ

ストを6月に受けたところ、偏差値は52でした。このままでは志望校に合格できないからと一念発起して、夏休みに猛勉強をしました。努力の結果を確かめようと、6月とは異なる予備校のテストを9月に受けました。偏差値は58でした。一見すると猛勉強の成果が出たように思われます。しかし、です。6月と9月のテストは主催者が異なるのですから、受験者たちの顔ぶれもかなり異なるのは間違いありません。偏差値は集団内での相対的な位置づけを数値化したものなので、メンバーの異なる集団の偏差値は比較できません。言いかえると、偏差値の推移を参考にしていいのは、当人の通っている学校のように、集団のメンバーが固定されている場合に限られます。

前段落に関係する例を挙げます。下表に記されているのは、優秀な若者の通うA予備校が作成したテストと、それほどでもない若者の通うB予備校が作成したテストについてです。両方のテストを受けた鳥越さんに注目してください。Aの得点とBの得点がほぼ同じである一方で、偏差値は明らかにBのほうが上です。ウさんよりも乙さんと丙さんのほうが高偏差値なのもわかります。

	Aの 得点	Aの 偏差値
鳥越さん	90	59
イさん	85	55
ウさん	60	36
平均	78.3	50
標準偏差	13.1	10

	Bの 得点	Bの 偏差値
鳥越さん	88	64
乙さん	25	47
丙さん	0	40
平均	37.7	50
標準偏差	37.0	10

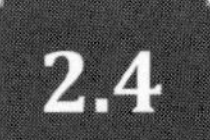

2.4 標準正規分布

確率密度関数

下表に記されているのは、兵庫県の中学 3 年生 “全員” が受けた、ある英語のテストの結果です。

	英語のテスト結果
生徒 1	42
生徒 2	91
⋮	⋮
生徒 31772	50
平均	56
標準偏差	19

上表のデータに基づくグラフが**ヒストグラム**と呼ばれる下図です。横軸が意味しているのは英語のテスト結果です。**階級の幅**と呼ばれる棒の横幅は 0 点から始まる 10 点刻みであり、各刻みの中央の値が横軸に記してあります。縦軸が意味しているのは割合です。

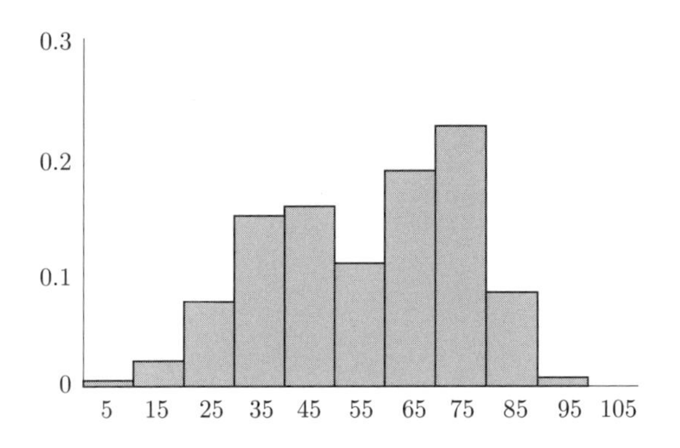

次図に注目してください。階級の幅を狭めるほどヒストグラムの輪郭がなめらかな曲線に近づいていきます。この、階級の幅を狭めていって最終的に到達する曲線の式、それが**確率密度関数**です。確率密度関数のグラフと横軸とで挟まれた部分の面積は 1 です。

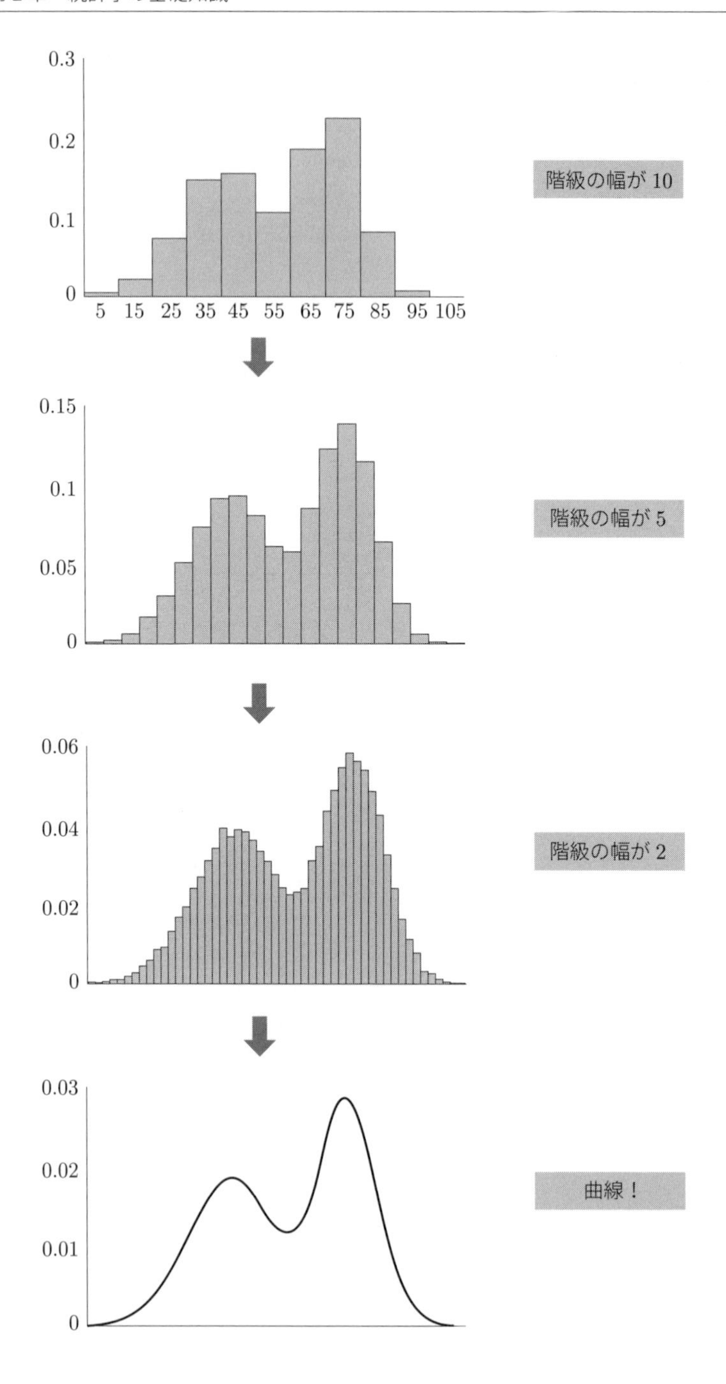
0.3
0.2
0.1
0
5 15 25 35 45 55 65 75 85 95 105
階級の幅が 10
0.15
0.1
0.05
0
階級の幅が 5
0.06
0.04
0.02
0
階級の幅が 2
0.03
0.02
0.01
0
曲線！

正規分布

統計学で最も有名な確率密度関数は、

$$\pi(\theta)=\frac{1}{\sqrt{2\pi}\sigma}\exp\left\{-\frac{1}{2}\left(\frac{\theta-\mu}{\sigma}\right)^2\right\}$$

というものです[†2]。

たとえばです。ある数学のテストを愛知県の中学3年生“全員”が受けました。その結果に基づいてヒストグラムを描き、階級の幅を狭めていった究極の姿が以下の曲線に一致するとします。その状況を統計学では「**数学のテスト結果は、平均 μ が 53 で標準偏差 σ が 10 である正規分布にしたがう**」と表現します[†3]。

正規分布のグラフの形状の特徴として、平均を境に左右対称である点が挙げられます。

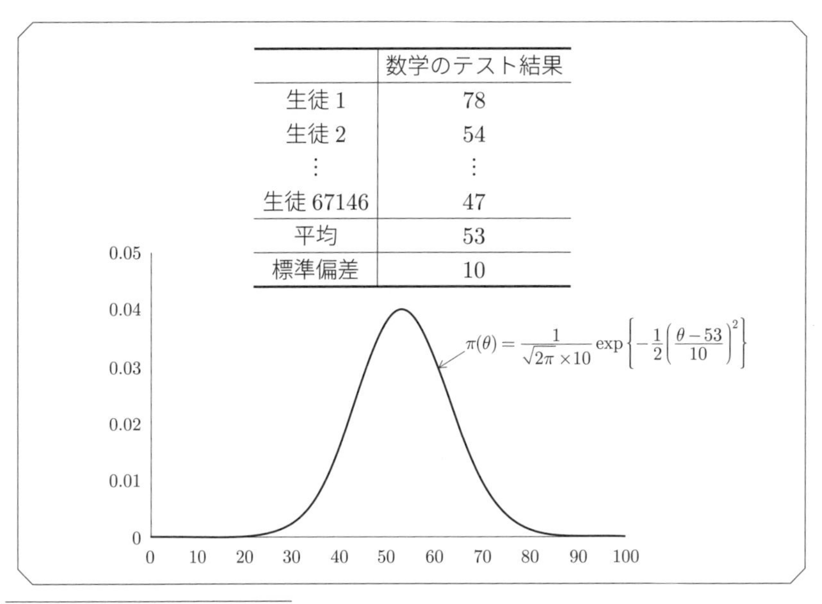

	数学のテスト結果
生徒 1	78
生徒 2	54
⋮	⋮
生徒 67146	47
平均	53
標準偏差	10

†2　θ と $\pi(\theta)$ の出現に戸惑った読者がいるかもしれません。いまいちど8ページを読んでください。

†3　「したがう」という言い回しが独特ですけれども、作法なので、そういうものだと割り切ってください。

標準正規分布

平均 μ が 0 で標準偏差 σ が 1 である正規分布を特別に**標準正規分布**と言います。

基準化で、普通の正規分布を標準正規分布に必ず変換できます。たとえばです。ある数学のテストを愛知県の中学 3 年生“全員”が受けました。その結果が、平均が 53 で標準偏差が 10 である正規分布にしたがうとします。ならば「数学のテスト結果」の基準値は、平均 μ が 0 で標準偏差 σ が 1 である正規分布に、つまり標準正規分布にしたがいます。

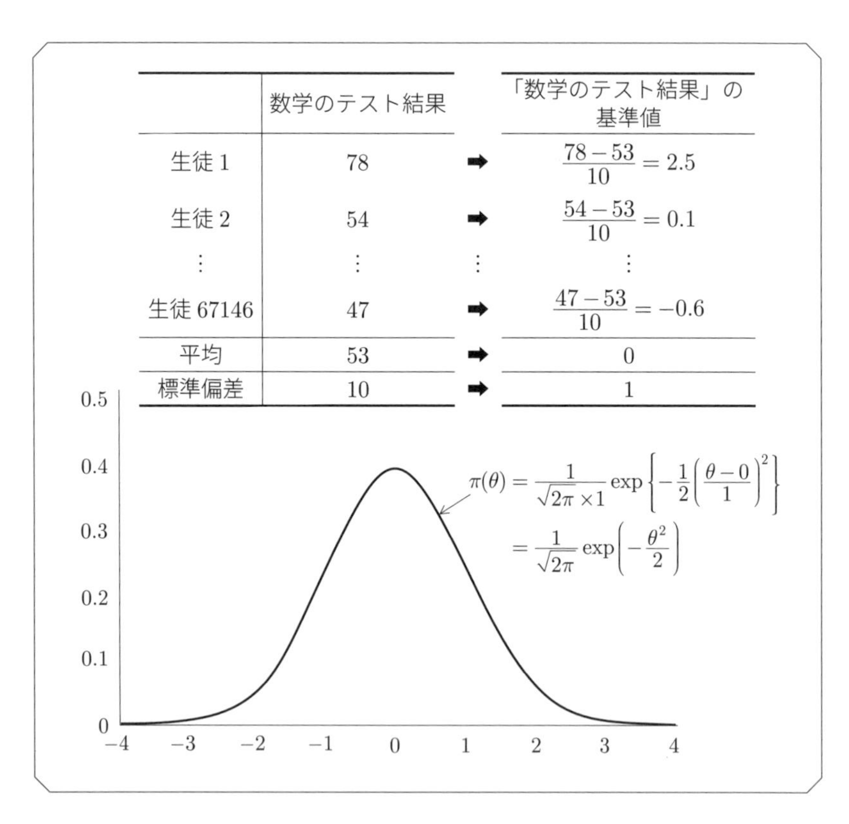

	数学のテスト結果		「数学のテスト結果」の基準値
生徒 1	78	➡	$\frac{78-53}{10}=2.5$
生徒 2	54	➡	$\frac{54-53}{10}=0.1$
⋮	⋮	⋮	⋮
生徒 67146	47	➡	$\frac{47-53}{10}=-0.6$
平均	53	➡	0
標準偏差	10	➡	1

2.5 定積分の近似値

定積分

下図の部分の面積は、

$$\int_a^b \pi(\theta)\, d\theta$$

と表記されます。「a から b までの $\pi(\theta)$ の**定積分**」と呼ばれます。

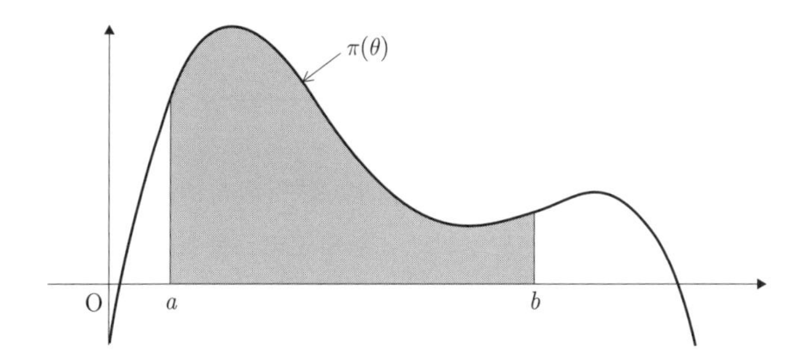

定積分の近似値

$\pi(\theta)$ は標準正規分布の確率密度関数であるとします。つまり、

$$\pi(\theta) = \frac{1}{\sqrt{2\pi}} \exp\left(-\frac{\theta^2}{2}\right)$$

であるとします。2.4 節で述べたように、確率密度関数のグラフと横軸とで挟まれた部分の面積は 1 です。したがって、$\pi(\theta)$ は確率密度関数なのですから、

$$\int_{-\infty}^{\infty} \pi(\theta)\, d\theta = \int_{-\infty}^{\infty} \frac{1}{\sqrt{2\pi}} \exp\left(-\frac{\theta^2}{2}\right) d\theta = 1$$

という関係が成立します。

下図を見てください。

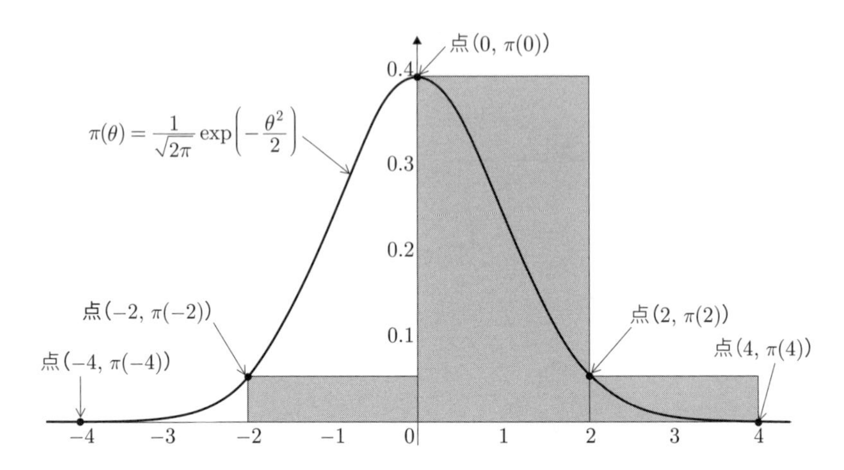

上図には、$\pi(\theta)$ とともに、4 個の長方形が描かれています。各長方形の横幅の長さである Δ は、横軸のマイナス 4 から 4 までを 4 分割した値である、

$$\Delta = \frac{4-(-4)}{4} = \frac{8}{4} = 2$$

です [†4]。4 個の長方形の面積の合計は、

$$\begin{aligned}
&\pi(-4)\times 2 + \pi(-2)\times 2 + \pi(0)\times 2 + \pi(2)\times 2 \\
&= \pi(-4)\times\Delta + \pi(-4+\Delta)\times\Delta + \pi(-4+2\Delta)\times\Delta + \pi(-4+3\Delta)\times\Delta \\
&= \pi(-4+0\Delta)\times\Delta + \pi(-4+1\Delta)\times\Delta + \pi(-4+2\Delta)\times\Delta + \pi(-4+3\Delta)\times\Delta \\
&= \sum_{h=1}^{4}\left\{\pi(-4+(h-1)\Delta)\times\Delta\right\} \\
&= \sum_{h=1}^{4}\left\{\frac{1}{\sqrt{2\pi}}\exp\left\{-\frac{(-4+(h-1)\Delta)^2}{2}\right\}\times\Delta\right\} \\
&= 1.014\cdots
\end{aligned}$$

---

†4　なぜマイナス 4 から 4 までという範囲に注目したかと言えば、図から明らかなように、$\int_{-\infty}^{\infty}\pi(\theta)\,dx \approx \int_{-4}^{4}\pi(\theta)\,d\theta$ であるからです。言いかえると、$\int_{-\infty}^{-4}\pi(\theta)\,d\theta$ も $\int_{4}^{\infty}\pi(\theta)\,d\theta$ もほぼゼロであるからです。

です。最後の 2 行からわかるように、

$$\sum_{h=1}^{4}\left\{\frac{1}{\sqrt{2\pi}}\exp\left\{-\frac{(-4+(h-1)\Delta)^2}{2}\right\}\times\Delta\right\}=1.014\cdots$$
$$\approx 1=\int_{-\infty}^{\infty}\frac{1}{\sqrt{2\pi}}\exp\left(-\frac{\theta^2}{2}\right)d\theta$$

という関係が成立しています。つまり、

$$\sum_{h=1}^{4}\{\pi(-4+(h-1)\Delta)\times\Delta\}\approx\int_{-\infty}^{\infty}\pi(\theta)\,d\theta$$

という関係が成立しています。

下図を見てください。

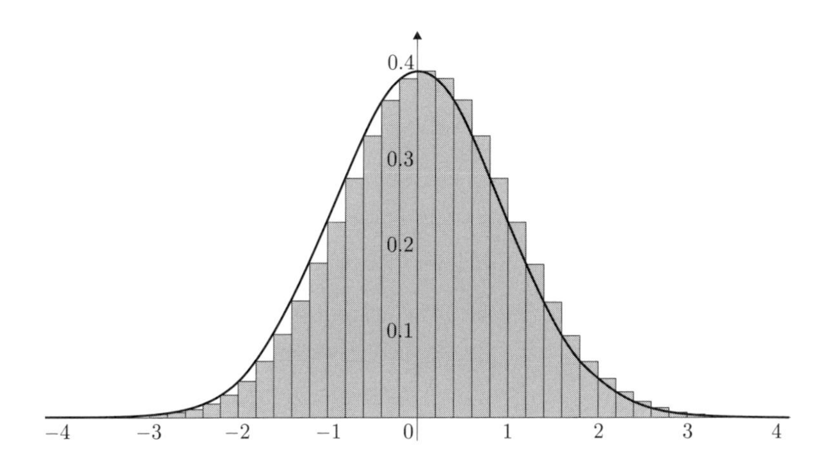

上図には、$\pi(\theta)$ とともに、40 個の長方形が描かれています。各長方形の横幅の長さである Δ は、横軸のマイナス 4 から 4 までを 40 分割した値である、

$$\Delta=\frac{4-(-4)}{40}=\frac{8}{40}=0.2$$

です。40 個の長方形の面積の合計は、

$$
\begin{aligned}
&\pi(-4)\times 0.2+\pi(-3.8)\times 0.2+\cdots+\pi(3.8)\times 0.2\\
&=\sum_{h=1}^{40}\left\{\pi(-4+(h-1)\Delta)\times\Delta\right\}\\
&=\sum_{h=1}^{40}\left[\frac{1}{\sqrt{2\pi}}\exp\left\{-\frac{(-4+(h-1)\Delta)^2}{2}\right\}\times\Delta\right]\\
&=0.999\cdots
\end{aligned}
$$

です。最後の 2 行からわかるように、

$$
\begin{aligned}
\sum_{h=1}^{40}\left[\frac{1}{\sqrt{2\pi}}\exp\left\{-\frac{(-4+(h-1)\Delta)^2}{2}\right\}\times\Delta\right]&=0.999\cdots\\
&\approx 1=\int_{-\infty}^{\infty}\frac{1}{\sqrt{2\pi}}\exp\left(-\frac{\theta^2}{2}\right)d\theta
\end{aligned}
$$

という関係が成立しています。つまり、

$$
\sum_{h=1}^{40}\{\pi(-4+(h-1)\Delta)\times\Delta\}\approx\int_{-\infty}^{\infty}\pi(\theta)\,d\theta
$$

という関係が成立しています。

話をまとめます。ここまでの説明から想像できるように、$\pi(\theta)$ が標準正規分布の確率密度関数であろうとなかろうと、

- $\int_{-\infty}^{\infty}\pi(\theta)\,d\theta\approx\int_{a}^{b}\pi(\theta)\,d\theta$
- $\int_{-\infty}^{a}\pi(\theta)\,d\theta\approx 0$
- $\int_{b}^{\infty}\pi(\theta)\,d\theta\approx 0$

という状況にあり、なおかつ H の値が極端に小さくなければ、

$$
\sum_{h=1}^{H}\{\pi(a+(h-1)\Delta)\times\Delta\}\approx\int_{-\infty}^{\infty}\pi(\theta)\,d\theta
$$

という関係が成立します。$\Delta=\dfrac{b-a}{H}$ です。

第2部

項目反応理論 本題

第 3 章

各問題の特性を知る

―項目特性曲線―

3.1 はじめに

能力の値が θ である人々における問題 j の正答割合を $P(u_j=1|\theta)$ と表記するとします[†1]。同様に、能力の値が θ である人々における問題 j の誤答割合を $P(u_j=0|\theta)$ と表記するとします。当然ながら、

$$P(u_j=0|\theta)=1-P(u_j=1|\theta)$$

です。

本章で説明するのは、$P(u_j=1|\theta)$ として項目反応理論で仮定される、

- 1パラメータロジスティックモデル
- 2パラメータロジスティックモデル
- 3パラメータロジスティックモデル

です。

本書の説明で使う文言について注意があります。項目反応理論では、テストに含まれるひとつひとつの問題を、問題でなく**項目**と呼びます。普通であれば「このテストは5“問”からなる」と表現するところを「このテストは5“項目”からなる」とするわけです。そして項目反応理論の専門用語には、本書のこれ以降を読めばわかるように、**項目特性曲線**とか**項目情報量**といった、“項目”という文言を含んだものがいくつもあります。それゆえ本書の執筆以前の構想では、項目反応理論の常識に則り、“問題”でなく“項目”という文言で説明を進める計画でした。しかし“項目”では不自然に感じられて勉強が捗(はかど)りづらいように筆者には思われてならないので、専門用語を除き、原則として“問題”を本書では使います。

†1　たとえば $\theta=1.2$ である人々における問題3の正答割合を $P(u_3=1|1.2)$ と表記するわけです。

3.2 項目特性曲線

1 パラメータロジスティックモデル

1 パラメータロジスティックモデルとは、

$$P(u_j = 1|\theta) = \frac{1}{1 + \exp\{-1.7a(\theta - b_j)\}}$$

のことです[†2]。b_jを「問題 j の**困難度**」と言います。困難度の値が大きいほど難問です。aを**識別力**と言います。識別力の意味の説明は、後述する 2 パラメータロジスティックモデルでします。

式中の θ に b_jを代入すると、

$$\begin{aligned} P(u_j = 1|b_j) &= \frac{1}{1 + \exp\{-1.7a(b_j - b_j)\}} \\ &= \frac{1}{2} \end{aligned}$$

です。つまり能力 θ の値がちょうど b_jである人々から無作為に 100 人を連れてきて問題 j に取り組ませたら、

$$100 \text{人} \times \frac{1}{2} = 50 \text{人}$$

---

†2　ネイピア数である exp{ } の内部における 1.7 という数値を見て、「この 1.7 はどこから来たの？」「どうして、0.4 でも 29.5 でもなく、1.7 なの？」と首を傾げた読者は少なくないでしょう。結論から言うと、その点に疑問を抱く必要はありません。理由はわからないけれども 1.7 の存在が不可欠なのだな、そう割り切るべきです。という筆者の言に納得できない読者もいるでしょうから簡単に説明します。後述する**項目特性曲線**を表現するにあたり、もともとは標準正規分布の定積分が利用されていました。しばらくすると以下の関係の成立することがわかりました。さまざまな計算を容易におこなえるので、標準正規分布の定積分である左辺よりも右辺が利用されるようになりました。話をまとめると、両辺を酷似させるために 1.7 は存在するのです。

$$\int_{-\infty}^{a(\theta - b_j)} \frac{1}{\sqrt{2\pi}} \exp\left(-\frac{x^2}{2}\right) dx \approx \frac{1}{1 + \exp\{-1.7a(\theta - b_j)\}}$$

が正答します[†3]。

下図に描かれているのは、あるテストの問題1と問題2における識別力 a と困難度 b_j に基づく、2本の1パラメータロジスティックモデルのグラフです。横軸が意味しているのは能力 θ で、縦軸が意味しているのは正答割合です。勾配が最も急なのは $\theta = b_j$ の箇所であり、そこにおける接線の傾きは $\frac{1.7a}{4}$ です。なお1パラメータロジスティックモデルのグラフを、そして後述する2パラメータロジスティックモデルと3パラメータロジスティックモデルのグラフを、**項目特性曲線**と言います。

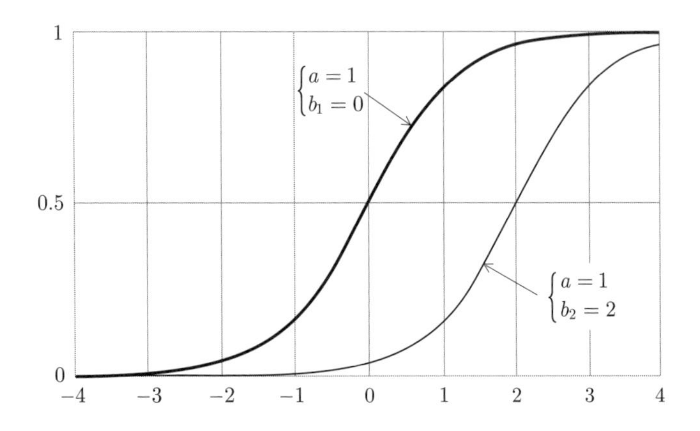

識別力 a の値が等しい一方で困難度 b_j の値が異なるこれらの項目特性曲線から次のことがわかります。

- $P(u_1 = 1|0) = 0.5$ であり、$P(u_2 = 1|2) = 0.5$ である。つまり $\theta = b_j$ である場合の項目特性曲線の高さは0.5である。
- 問題1の項目特性曲線である $P(u_1 = 1|\theta)$ を右側に平行移動したものが $P(u_2 = 1|\theta)$ である。つまり困難度 b_j の値の大きい項目特性曲線のほうが右側に位置する。

†3　もちろん現実には、おそらく、ぴったり50人にはならないでしょう。平たく説明すると、という譬(たと)え話です。

2 パラメータロジスティックモデル

2 パラメータロジスティックモデルとは、

$$P(u_j = 1|\theta) = \frac{1}{1 + \exp\{-1.7a_j(\theta - b_j)\}}$$

のことです。1 パラメータロジスティックモデルと同様に、b_j を「問題 j の困難度」と言います。a_j を「問題 j の識別力」と言います。ちなみに 2 パラメータロジスティックモデルにおける識別力を以下のように定義したものが、1 パラメータロジスティックモデルです。

$$a_1 = a_2 = \cdots = a_J = a$$

式中の θ に b_j を代入すると、

$$\begin{aligned} P(u_j = 1|b_j) &= \frac{1}{1 + \exp\{-1.7a_j(b_j - b_j)\}} \\ &= \frac{1}{2} \end{aligned}$$

です。つまり能力 θ の値がちょうど b_j である人々から無作為に 100 人を連れてきて問題 j に取り組ませたら、50 人が正答します。

次図に描かれているのは、あるテストの問題 3 と問題 4 における識別力 a_j と困難度 b_j に基づく、2 本の項目特性曲線です。勾配が最も急なのは $\theta = b_j$ の箇所であり、そこにおける接線の傾きは $\frac{1.7a_j}{4}$ です。

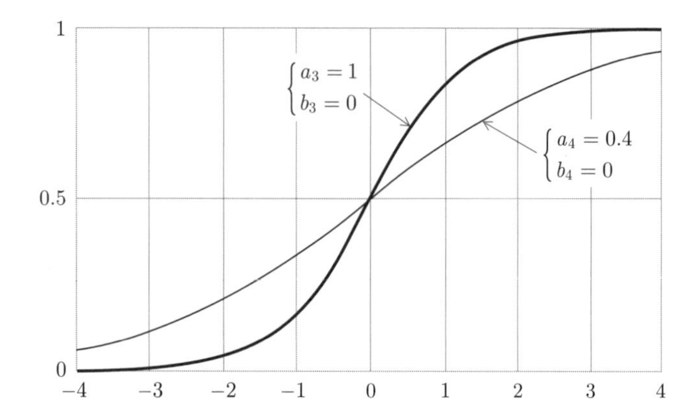

識別力 a_j の値が異なる一方で困難度 b_j の値が等しいこれらの項目特性曲線から次のことがわかります。

- $P(u_3 = 1|0) = 0.5$ であり、$P(u_4 = 1|0) = 0.5$ である。つまり $\theta = b_j$ である場合の項目特性曲線の高さは 0.5 である。
- Δ は小さなプラスの値であるとする。問題4の項目特性曲線である $P(u_4 = 1|\theta)$ に注目すると、θ の値が0である場合も $(0+\Delta)$ である場合も $(0-\Delta)$ である場合も曲線の高さに強烈な差はない。したがって能力 θ の値が0である1万人と $(0+\Delta)$ である1万人と $(0-\Delta)$ である1万人を問題4に取り組ませたなら、それら3群の正答者数はいずれも5千人前後のはずである。大げさに表現すると、それら3群のうちの1つの正答者数が5001人であったとしても、どの群の結果であるのか判然としない。つまり問題4は、問題3にくらべて、能力 θ の値が0である人々の識別に適していない。反対に言うと、問題3は、問題4にくらべて、能力 θ の値が0である人々の識別に適している。話をまとめると、識別力 a_j の値が大きいほど、能力 θ の値が b_j である人々の識別に適している。

3 パラメータロジスティックモデル

以下に示す問題 7 を見てください。

問題 7

この 2 次方程式の 2 つの解の、最小公倍数を答えなさい。

$$x^2 - 10x + 24 = 0$$

① 12　　② 18

この問題 7 は、選択肢から 1 つを選べばいい方式なので、当てずっぽうでも $\frac{1}{2}$ の確率で正答できます。つまり問題 7 の正答者には 2 種類がいて、

α. 正答をきちんと導き出したうえで正答の選択肢を選んだ人
β. 選択肢方式でなく記述式であれば正答できなかったのに当てずっぽうで正答の選択肢を選んだ人

からなります。したがって能力 θ の値の等しい 100 人における問題 7 の正答割合は、理屈のうえでは、

$$\begin{aligned}\frac{\alpha\text{の人数}}{100} + \frac{\beta\text{の人数}}{100} &= \frac{\text{真の正答者数}}{100} + \frac{\text{まぐれの正答者数}}{100} \\ &= \frac{\text{真の正答者数}}{100} + \frac{\text{真の誤答者数}}{100} \times \frac{1}{2} \\ &= \frac{\text{真の正答者数}}{100} + \frac{1}{2} \times \left(1 - \frac{\text{真の正答者数}}{100}\right)\end{aligned}$$

です。

3 パラメータロジスティックモデルとは、前段落における $\frac{\text{真の正答者数}}{100}$ に 2 パラメータロジスティックモデルを充てたものと言える、

$$P(u_j = 1|\theta) = \frac{1}{1 + \exp\{-1.7a_j(\theta - b_j)\}} + c_j\left(1 - \frac{1}{1 + \exp\{-1.7a_j(\theta - b_j)\}}\right)$$

のことです。1 パラメータロジスティックモデルと 2 パラメータロジス

ティックモデルと同様に、b_j を「問題 j の困難度」と言い、a_j を「問題 j の識別力」と言います。c_j を「問題 j の**当て推量**」と言います。

3パラメータロジスティックモデルで $c_j=0$ とおいたものが2パラメータロジスティックモデルです。2パラメータロジスティックモデルで $a_j=a$ とおいたものが1パラメータロジスティックモデルです。

本章のここまでで説明した識別力 a と識別力 a_j と困難度 b_j と当て推量 c_j は、**項目パラメータ**と総称されます。項目パラメータの値は、それらの問題が含まれたテストの解答データである、各受験者の正答と誤答の情報から推定されます。推定値を算出するための方法は第5章で説明します。

「問題 j の当て推量」である c_j の値は、「選択肢の個数の逆数」に似ていると予想されます。たとえば先述した問題7における c_7 の値は、$\frac{1}{2}=0.5$ 前後だと予想されます[†4]。

3パラメータロジスティックモデルの式中の θ_i に b_j を代入すると、

$$
\begin{aligned}
P(u_j=1|b_j) &= \frac{1}{1+\exp\{-1.7a_j(b_j-b_j)\}}+c_j\left(1-\frac{1}{1+\exp\{-1.7a_j(b_j-b_j)\}}\right) \\
&= \frac{1}{2}+c_j\left(1-\frac{1}{2}\right) \\
&= \frac{1+c_j}{2}
\end{aligned}
$$

です。1パラメータロジスティックモデルと2パラメータロジスティックモデルとは異なり、$\frac{1}{2}$ ではないのがわかります。

次図に描かれているのは、あるテストの問題5と問題6における識別力 a_j と困難度 b_j と当て推量 c_j に基づく、2本の項目特性曲線です。勾配が最も急なのは $\theta=b_j$ の箇所であり、そこにおける接線の傾きは $\frac{1.7a_j(1-c_j)}{4}$ です。

---

†4　選択肢の個数が2つでなく4つであったなら c_j の値は $\frac{1}{4}=0.25$ 前後が予想されますし、5つであったなら $\frac{1}{5}=0.2$ 前後が予想されます。そうは言っても、どのようなテストのどのような問題であっても c_j の値が必ず「選択肢の個数の逆数」に似ているかどうかは、推定値を算出するまでなんともわかりません。

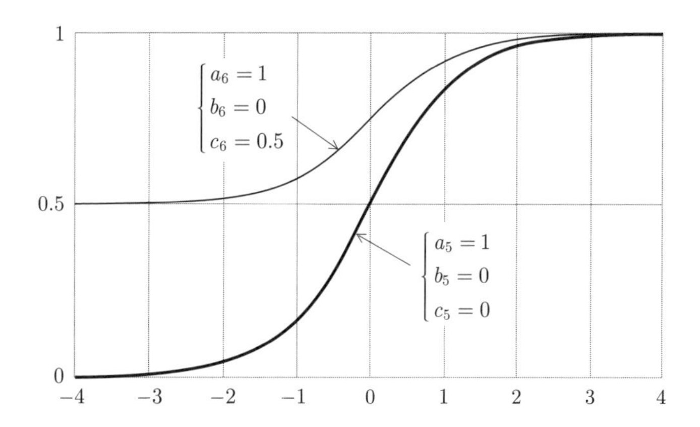

識別力 a_j の値と困難度 b_j の値が等しい一方で当て推量 c_j の値が異なるこれらの項目特性曲線から次のことがわかります。

- 問題 6 の項目特性曲線である $P(u_6 = 1|\theta)$ に注目すればわかるように、θ の値が小さいほど曲線の高さは c_j に近づく。

3.3 能力と正答割合の関係

項目特性曲線とは異なる視点から能力と正答割合の関係を説明します。

2017年4月2日から2018年4月1日までに生まれた赤ちゃんを無作為に1万人選び、ちょうど3歳になった時点でテストに協力してもらったところ、ある能力θは標準正規分布にしたがうことがわかりました。テストの結果の一部が、これから示す6枚のグラフです。グラフの見方は次のとおりです。

- 横軸が意味しているのは能力θである。マイナス4から4までを40区間に分割してある。各区間を具体的に記すと、「マイナス4からマイナス3.8まで」→「マイナス3.8からマイナス3.6まで」→…→「3.8から4まで」である。
- 縦軸が意味しているのは、「無作為に選んだ1万人のうちで、それら40区間に属する幼児たちの割合」（※「正答割合」ではないことに注意！）である。したがって全ての縦棒を積み上げた長さは1である。
- 黒い枠線で囲んである中央の2本の縦棒が意味しているのは、「能力θの値がマイナス0.2から0までの区間に属する幼児たちの割合」と「能力θの値が0から0.2までの区間に属する幼児たちの割合」である。
- グラフを立体的に描いてある理由は、濃い灰色と薄い灰色は2つの異なるグラフを構成しているのでなく、各縦棒が濃い灰色と薄い灰色からなることを示すためである。濃い灰色の意味は「正答した」であり、薄い灰色の意味は「誤答した」である。各縦棒における$\dfrac{\text{濃い灰色の長さ}}{\text{濃い灰色の長さ}+\text{薄い灰色の長さ}}$が、つまり各縦棒において濃い灰色の占める割合が、項目特性曲線で言うところの正答割合である。

1パラメータロジスティックモデルの場合

2枚のグラフの相違点は困難度 b_j です。b_j の値が大きいほど、「正答した」を意味する濃い灰色が減ります。

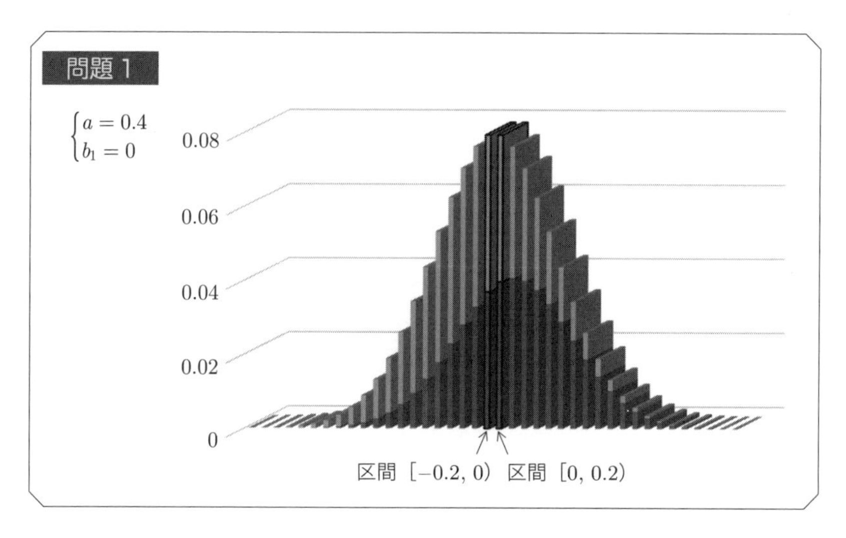

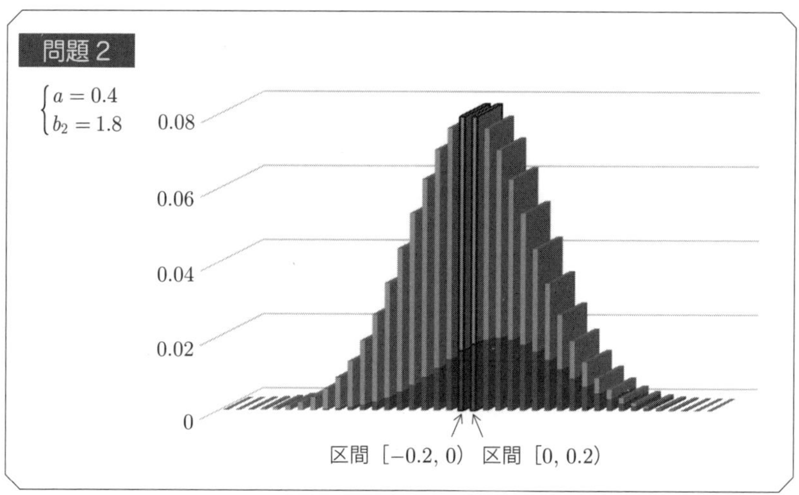

2 パラメータロジスティックモデルの場合

2 枚のグラフの相違点は識別力 a_j です。ひとまず見比べてください。

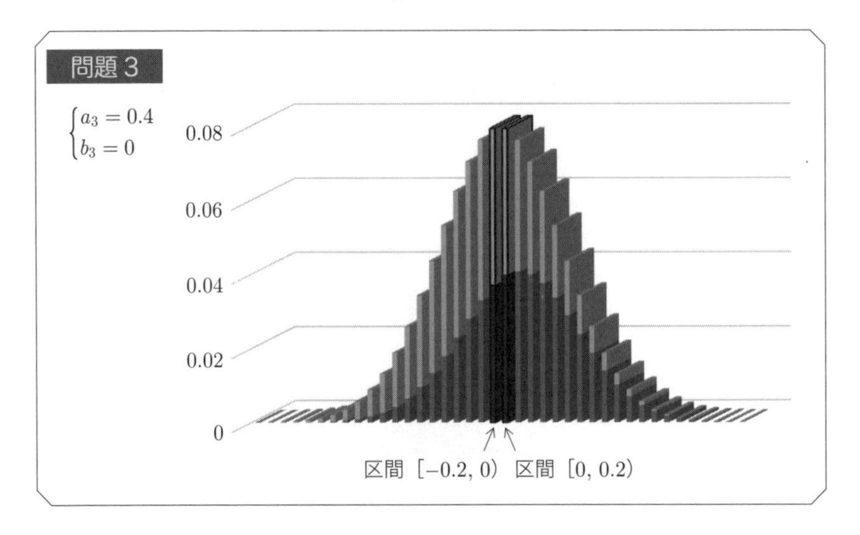

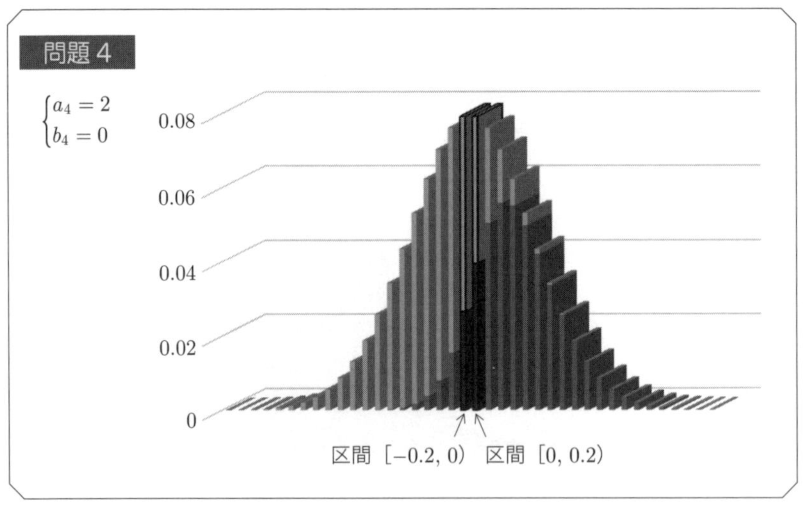

いずれのグラフも、

α.能力 θ の値が 0 から 0.2 までの区間に属する幼児たちの割合
β. α における濃い灰色の長さ
γ. 能力 θ の値がマイナス 0.2 から 0 までの区間に属する幼児たちの割合

は同じです。しかし、

δ. γ における濃い灰色の長さ

が異なります。問題 4 は、問題 3 にくらべて、能力 θ の値が 0 である幼児たちの識別に適しているわけです。

3 パラメータロジスティックモデルの場合

2 枚のグラフの相違点は当て推量 c_j です。c_j の値が大きいほど、能力 θ の値が小さな段階から、「正答した」を意味する濃い灰色の存在が目立ちます。

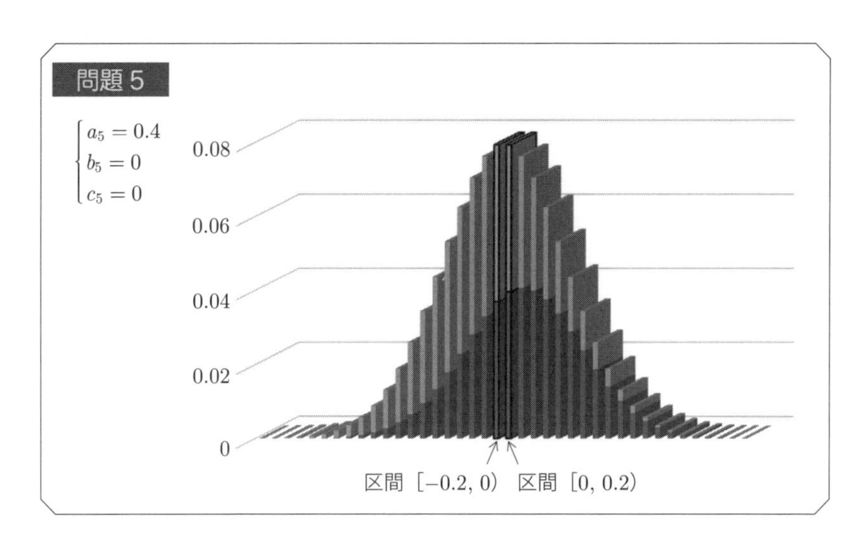

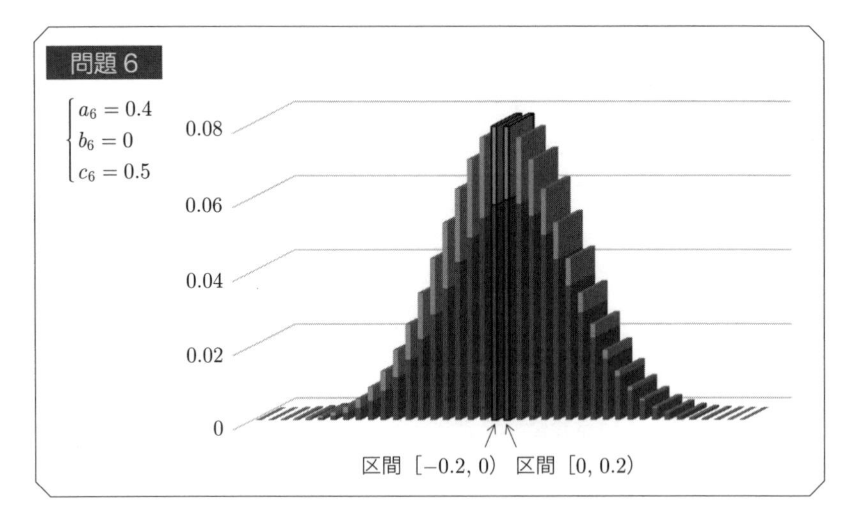

3 つのパラメータロジスティックモデルは名称が長いので、今後は以下のように呼ぶことにします。

1 パラメータロジスティックモデル　→　1 パラメータモデル
2 パラメータロジスティックモデル　→　2 パラメータモデル
3 パラメータロジスティックモデル　→　3 パラメータモデル

第4章

各受験者の真の能力を推定する
―最尤推定法―

4.1 はじめに

本章で説明するのは、各受験者の能力の推定値を算出する方法です。

説明する方法は、**最尤（さいゆう）推定法**とか**最尤法**と呼ばれるものです。「尤も」は「もっとも」と読みます。「あなたの言うことは尤（もっと）もだ」の「もっとも」です。

項目反応理論では本来、まず各問題の項目パラメータの推定値を算出し、つぎに各受験者の能力の推定値を算出します。前者が難解ゆえ、本書では後者から説明する次第です。

本書の説明で使う文言について注意があります。項目反応理論では、これまで「正答割合」と呼んでいたものを**正答確率**と呼ぶのが一般的です。それゆえ今後は正答確率と呼ぶことにします。

4.2 最尤推定法

独立

以下に示す福引を考えます[†1]。

- 抽籤器(ちゅうせんき)の中には 4 個の玉が入っていて、1 個のアタリと 3 個のハズレからなる。
- 1 回引くたびに玉は抽籤器に戻される。つまりアタリの玉の出る確率は、常に $\frac{1}{4}$ である。

j 回目に引いた際の結果 u_j	アタリ	ハズレ
$P(u_j)$	$\frac{1}{4}$	$\frac{3}{4}$

3 回引く機会を得たとします。ならば 3 回の玉の出方には、次ページの表からわかるように、64 の可能性が存在します。白丸はアタリを意味していて、黒丸はハズレを意味しています。

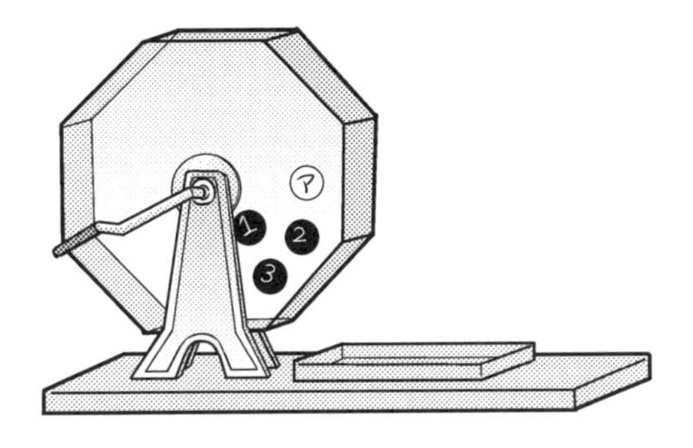

†1 このような福引が実際に催されるとは考えにくいのは筆者も理解しています。あくまでも、説明を円滑に進めるための、“例” です。

	1回目	→	2回目	→	3回目
1	㋐	→	㋐	→	㋐
2	㋐	→	㋐	→	❶
3	㋐	→	㋐	→	❷
4	㋐	→	㋐	→	❸
5	㋐	→	❶	→	㋐
6	㋐	→	❶	→	❶
7	㋐	→	❶	→	❷
8	㋐	→	❶	→	❸
9	㋐	→	❷	→	㋐
10	㋐	→	❷	→	❶
11	㋐	→	❷	→	❷
12	㋐	→	❷	→	❸
13	㋐	→	❸	→	㋐
14	㋐	→	❸	→	❶
15	㋐	→	❸	→	❷
16	㋐	→	❸	→	❸
17	❶	→	㋐	→	㋐
18	❶	→	㋐	→	❶
19	❶	→	㋐	→	❷
20	❶	→	㋐	→	❸
21	❶	→	❶	→	㋐
22	❶	→	❶	→	❶
23	❶	→	❶	→	❷
24	❶	→	❶	→	❸
25	❶	→	❷	→	㋐
26	❶	→	❷	→	❶
27	❶	→	❷	→	❷
28	❶	→	❷	→	❸
29	❶	→	❸	→	㋐
30	❶	→	❸	→	❶
31	❶	→	❸	→	❷
32	❶	→	❸	→	❸
33	❷	→	㋐	→	㋐
34	❷	→	㋐	→	❶
35	❷	→	㋐	→	❷
36	❷	→	㋐	→	❸
37	❷	→	❶	→	㋐
38	❷	→	❶	→	❶
39	❷	→	❶	→	❷
40	❷	→	❶	→	❸
41	❷	→	❷	→	㋐
42	❷	→	❷	→	❶
43	❷	→	❷	→	❷
44	❷	→	❷	→	❸
45	❷	→	❸	→	㋐
46	❷	→	❸	→	❶
47	❷	→	❸	→	❷
48	❷	→	❸	→	❸
49	❸	→	㋐	→	㋐
50	❸	→	㋐	→	❶
51	❸	→	㋐	→	❷
52	❸	→	㋐	→	❸
53	❸	→	❶	→	㋐
54	❸	→	❶	→	❶
55	❸	→	❶	→	❷
56	❸	→	❶	→	❸
57	❸	→	❷	→	㋐
58	❸	→	❷	→	❶
59	❸	→	❷	→	❷
60	❸	→	❷	→	❸
61	❸	→	❸	→	㋐
62	❸	→	❸	→	❶
63	❸	→	❸	→	❷
64	❸	→	❸	→	❸

たとえば、

- 1 回目に引いた際の結果はハズレであり、
- 2 回目に引いた際の結果はアタリであり、
- 3 回目に引いた際の結果はハズレである、

という確率を、

$$P(u_1 = 0, u_2 = 1, u_3 = 0)$$

と表記することにします。この確率は、前ページの表からわかるように $\frac{9}{64}$ であるとともに、

$$\begin{aligned} P(u_1 = 0, u_2 = 1, u_3 = 0) &= \frac{9}{64} \\ &= \frac{3}{4} \times \frac{1}{4} \times \frac{3}{4} \\ &= P(u_1 = 0) \times P(u_2 = 1) \times P(u_3 = 0) \end{aligned}$$

と書き替えられます。同様に、たとえば「ハズレ→ハズレ→ハズレ」という確率も、

$$\begin{aligned} P(u_1 = 0, u_2 = 0, u_3 = 0) &= \frac{27}{64} \\ &= \frac{3}{4} \times \frac{3}{4} \times \frac{3}{4} \\ &= P(u_1 = 0) \times P(u_2 = 0) \times P(u_3 = 0) \end{aligned}$$

と書き替えられます。このように、

$$P(u_1 = \bigstar, u_2 = \blacktriangle, u_3 = \blacklozenge) = P(u_1 = \bigstar) \times P(u_2 = \blacktriangle) \times P(u_3 = \blacklozenge)$$

という関係が成立する場合に、「u_1 と u_2 と u_3 は**独立**である」と言います。

最尤推定法と最尤推定値

「例題」→「解答」という流れで説明します。

例題

以下に示す福引を考える。

- 抽籤器の中には4個の玉が入っていて、1個のアタリと3個のハズレからなる。
- 1回引くたびに玉は抽籤器に戻される。つまりアタリの玉の出る確率は、常に$\frac{1}{4}$である。

アタリの玉の出る確率が$\frac{1}{4}$であることを柚木さんは知らないものとする。5回引く機会を得た柚木さんが実際に挑んだところ、5回中2回がアタリという戦績であった。この結果から、アタリの玉の出る確率の推定値を算出しなさい。算出にあたっては下表の記号を利用しなさい。

j回目に引いた際の結果 u_j	アタリつまり1	ハズレつまり0
$P(u_j)$	q	$1-q$
真の確率 $S(u_j)$	$\frac{1}{4}$	$\frac{3}{4}$

解答

次に記すStep1からStep4までの手順を踏むことで推定値を算出する方法が**最尤推定法**です。

Step1

u_1とu_2と…とu_5は独立であることを踏まえつつ、**尤度**と呼ばれる以下のものを求める。

$$
\begin{aligned}
&P(u_1=0, u_2=0, u_3=1, u_4=0, u_5=1)\\
&=P(u_1=0)\times P(u_2=0)\times P(u_3=1)\times P(u_4=0)\times P(u_5=1)\\
&=q^2\times(1-q)^{5-2}
\end{aligned}
$$

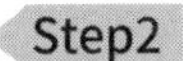

尤度は q の関数であると仮定し、以下のようにおく。この関数を**尤度関数**と言う。

$$L(q) = q^2 \times (1-q)^{5-2}$$

Step2 についての補足

最尤推定法では、事実に明確に反するのですけれども、q は定数でなく変数であると仮定して推定値を模索します。

Step3

尤度関数の対数である、**対数尤度関数**と呼ばれるものを整理する。

$$\begin{aligned}\log L(q) &= \log\left\{q^2 \times (1-q)^{5-2}\right\}\\ &= \log q^2 + \log(1-q)^{5-2}\\ &= 2\log q + (5-2)\log(1-q)\end{aligned}$$

Step4

「対数尤度関数の値が大きいほど $P(u_j)$ は $S(u_j)$ に似ている」ということが知られている。そこで「対数尤度関数の最大値に対応する q の値が最も尤もな推定値である」と解釈する。この推定値を**最尤推定値**と言い、$\hat{q}$ と表記する。

尤度関数と対数尤度関数のグラフからわかるように、$\hat{q} = 0.4$ である。

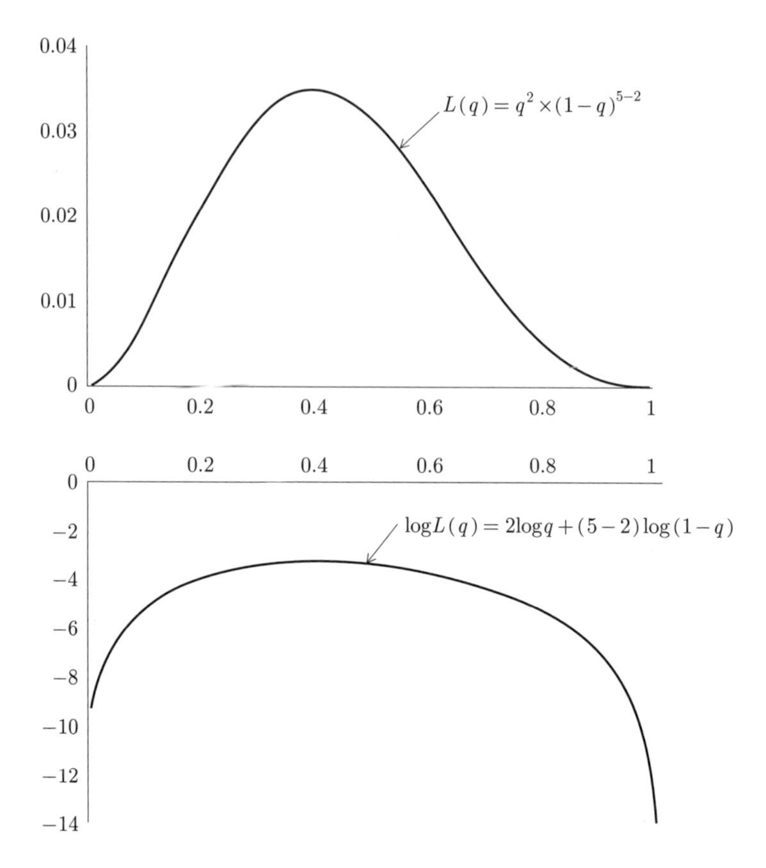
0.04
0.03
0.02
0.01
0
0
0.2
0.4
0.6
0.8
1
$L(q)=q^2\times(1-q)^{5-2}$
0
0.2
0.4
0.6
0.8
1
0
−2
−4
−6
−8
−10
−12
−14
$\log L(q)=2\log q+(5-2)\log(1-q)$

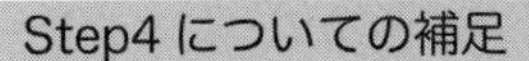

Step4 についての補足

要するに最尤推定値である $\hat{q}$ は、高校理系程度の微分の知識を有する読者に向けて説明すると、対数尤度関数を q について微分して 0 とおいて整理することで求められる値です。あるいは、こうも言えます。一見すると複雑な手順と計算からなるように感じられるかもしれませんが、早い話が、

$$\hat{q} = \frac{\text{挑んだ回数のうちでアタリの玉の出た回数}}{\text{挑んだ回数}}$$

です。ともあれこの例では、$\hat{q} = \dfrac{2}{5}$ です。

いま述べたように、$\hat{q} = \dfrac{2}{5}$ です。真の確率である $S(u_j)$ とは大きく異なる結果になってしまいました。原因は、福引に挑んだ回数が少なかったことにあります。同じ福引に筆者が 1000 回挑戦したところ、とは言っても実際のところは相当する行為をコンピュータでおこなったのですが、以下の対数尤度関数が得られました。つまり、$\hat{q} = \dfrac{255}{1000}$ という、$S(u_j)$ に近い最尤推定値が得られました。

$$\begin{aligned}\log L(q) &= \log\{P(u_1 = 1, \cdots, u_{1000} = 0)\} \\ &= \log\left\{q^{255} \times (1-q)^{1000-255}\right\} \\ &= 255 \log q + (1000 - 255) \log(1-q)\end{aligned}$$

なお推定値の表記は、最尤推定値にかぎらず、ハットと呼ばれる山型を文字の上に頂くのが一般的です。

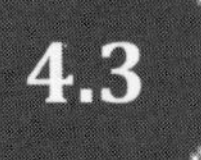

4.3 能力の推定値

局所独立

下表に記されているのは、2つの問題からなる、あるテストの結果です。1は正答を意味していて0は誤答を意味しています。全受験者の能力の値が等しいことに、つまり、

$$\theta_1 = \theta_2 = \cdots = \theta_9 = 0.4$$

であることに留意しておいてください。

	能力 θ_i	問題1	問題2
受験者1	0.4	1	1
受験者2	0.4	1	1
受験者3	0.4	1	0
受験者4	0.4	1	0
受験者5	0.4	1	0
受験者6	0.4	1	0
受験者7	0.4	0	1
受験者8	0.4	0	0
受験者9	0.4	0	0

上表の9人を絵で表現したものが下図です。

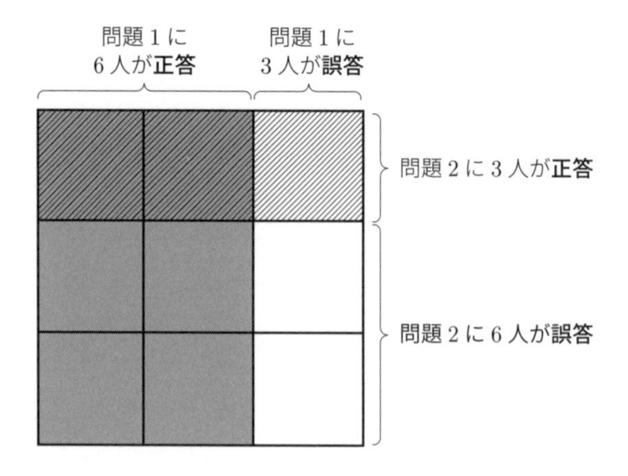

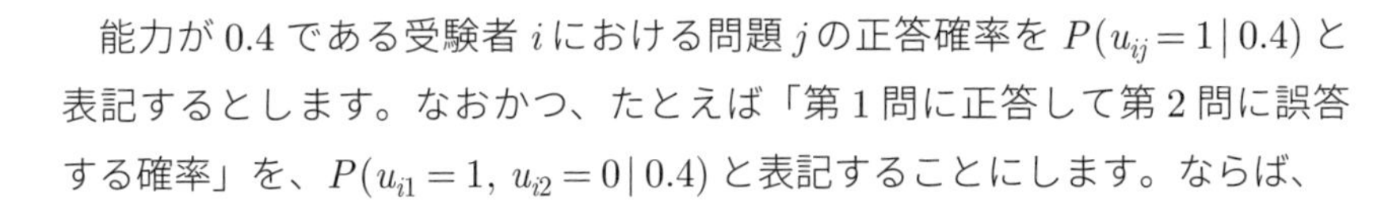

能力が 0.4 である受験者 i における問題 j の正答確率を $P(u_{ij}=1\,|\,0.4)$ と表記するとします。なおかつ、たとえば「第 1 問に正答して第 2 問に誤答する確率」を、$P(u_{i1}=1,\ u_{i2}=0\,|\,0.4)$ と表記することにします。ならば、

$$
\begin{cases}
P(u_{i1}=1, u_{i2}=1|0.4)=\dfrac{2}{9}=\dfrac{6}{9}\times\dfrac{3}{9}=P(u_{i1}=1|0.4)\times P(u_{i2}=1|0.4)\\[2ex]
P(u_{i1}=1, u_{i2}=0|0.4)=\dfrac{4}{9}=\dfrac{6}{9}\times\dfrac{6}{9}=P(u_{i1}=1|0.4)\times P(u_{i2}=0|0.4)\\[2ex]
P(u_{i1}=0, u_{i2}=1|0.4)=\dfrac{1}{9}=\dfrac{3}{9}\times\dfrac{3}{9}=P(u_{i1}=0|0.4)\times P(u_{i2}=1|0.4)\\[2ex]
P(u_{i1}=0, u_{i2}=0|0.4)=\dfrac{2}{9}=\dfrac{3}{9}\times\dfrac{6}{9}=P(u_{i1}=0|0.4)\times P(u_{i2}=0|0.4)
\end{cases}
$$

という関係が成立します。つまり**局所独立**と呼ばれる、能力が定まっているという前提のもとで独立である、

$$
P(u_{i1}=\bigstar,\ u_{i2}=\blacktriangle\,|\,0.4)=P(u_{i1}=\bigstar\,|\,0.4)\times P(u_{i2}=\blacktriangle\,|\,0.4)
$$

という関係が成立します。

項目反応理論では、能力 θ の任意の値において局所独立が成立すると仮定します。

☑ 局所独立と問題の関係

以下に示す問題を見てください。

問題 3

この 2 次方程式の解を求めなさい。

$$
x^2-10x+24=0
$$

問題 4

問題 3 における 2 つの解の最小公倍数を求めなさい。

問題3に正答できなかったら問題4にも正答できません。つまり、先述した9人がこれら2問に取り組んだなら、下図のような状況が起こりうるわけです。

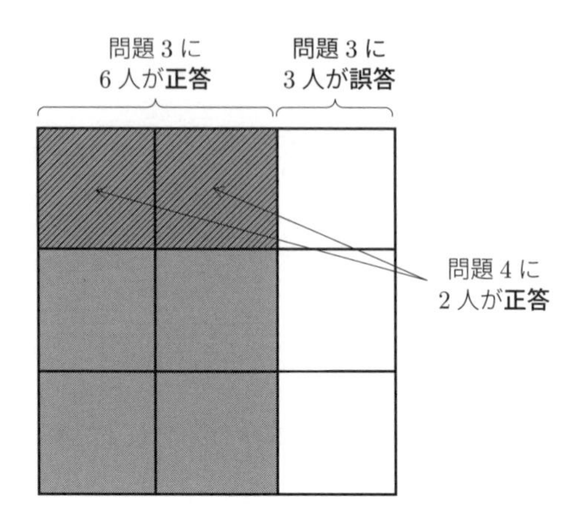

$$
\begin{cases}
P(u_{i1}=1,u_{i2}=1|0.4) &= \frac{2}{9} \neq \frac{4}{27} = \frac{6}{9}\times\frac{2}{9} = P(u_{i1}=1|0.4)\times P(u_{i2}=1|0.4) \\
P(u_{i1}=1,u_{i2}=0|0.4) &= \frac{4}{9} \neq \frac{14}{27} = \frac{6}{9}\times\frac{7}{9} = P(u_{i1}=1|0.4)\times P(u_{i2}=0|0.4) \\
P(u_{i1}=0,u_{i2}=1|0.4) &= \frac{0}{9} \neq \frac{2}{27} = \frac{3}{9}\times\frac{2}{9} = P(u_{i1}=0|0.4)\times P(u_{i2}=1|0.4) \\
P(u_{i1}=0,u_{i2}=0|0.4) &= \frac{3}{9} \neq \frac{7}{27} = \frac{3}{9}\times\frac{7}{9} = P(u_{i1}=0|0.4)\times P(u_{i2}=0|0.4)
\end{cases}
$$

先に述べたように、項目反応理論では、能力θの任意の値において局所独立が成立すると仮定します。言いかえると、いまの例のような、局所独立を妨げる問題がテストに含まれていてはなりません[†2]。

†2　いまの例のような問題を含めたい場合の対処法のひとつを、付録1で説明します。

能力の最尤推定値

「例題」→「解答」という流れで話を進めます。

例題

下表に記されているのは、4 つの問題からなる、あるテストの結果である。1 は正答を意味していて 0 は誤答を意味している。

	問題 1	問題 2	問題 3	問題 4
受験者 1	1	1	1	0
受験者 2	0	0	1	1
受験者 3	1	0	1	0
⋮	⋮	⋮	⋮	⋮

能力の値が θ_i である受験者 i における問題 j の正答確率を $P(u_{ij}=1\,|\,\theta_i)$ と表記するとともに、2 パラメータモデルを仮定する。つまり、

$$P(u_{ij}=1|\theta_i)=\frac{1}{1+\exp\{-1.7a_j(\theta_i-b_j)\}}$$

と仮定する。同様に、能力の値が θ_i である受験者 i における問題 j の誤答確率を $P(u_{ij}=0\,|\,\theta_i)$ と表記する。なおかつ項目パラメータの推定値がすでに算出されていて、下表のとおりであるとする。

	問題 1 つまり $j=1$	問題 2 つまり $j=2$	問題 3 つまり $j=3$	問題 4 つまり $j=4$
$(\hat{a}_j, \hat{b}_j)$	(0.9, −1.5)	(0.4, −0.6)	(1.3, 0.1)	(0.8, 1.2)

受験者 1 の能力の最尤推定値である、$\hat{\theta}_1$ を算出せよ。

解答

受験者 1 の能力の最尤推定値である $\hat{\theta}_1$ は、以下に記す Step1 から Step4 までの手順で算出できます。なお説明に使われる $\boldsymbol{u}_1$ という太字の記号の意味は、受験者 1 の解答データです。つまり、

$$\boldsymbol{u}_1 = (u_{11} = 1, u_{12} = 1, u_{13} = 1, u_{14} = 0)$$

です。

Step1

尤度を求める。

$$\begin{aligned}
&P(\boldsymbol{u}_1|\theta_1)\\
&= P(u_{11} = 1, u_{12} = 1, u_{13} = 1, u_{14} = 0|\theta_1)\\
&= P(u_{11} = 1|\theta_1) \times P(u_{12} = 1|\theta_1) \times P(u_{13} = 1|\theta_1) \times P(u_{14} = 0|\theta_1)\\
&= \frac{1}{1+\exp\{-1.7a_1(\theta_1 - b_1)\}} \times \frac{1}{1+\exp\{-1.7a_2(\theta_1 - b_2)\}}\\
&\quad \times \frac{1}{1+\exp\{-1.7a_3(\theta_1 - b_3)\}} \times \left(1 - \frac{1}{1+\exp\{-1.7a_4(\theta_1 - b_4)\}}\right)
\end{aligned}$$

Step1 についての補足

先に述べたように、項目反応理論では、能力 θ の任意の値において局所独立が成立すると仮定します。

問題文にあるように、この例題では 2 パラメータモデルを仮定しています。1 パラメータモデルを仮定していた場合の尤度は、

$$\begin{aligned}
P(\boldsymbol{u}_1|\theta_1) = &\frac{1}{1+\exp\{-1.7a(\theta_1 - b_1)\}} \times \frac{1}{1+\exp\{-1.7a(\theta_1 - b_2)\}}\\
&\times \frac{1}{1+\exp\{-1.7a(\theta_1 - b_3)\}} \times \left(1 - \frac{1}{1+\exp\{-1.7a(\theta_1 - b_4)\}}\right)
\end{aligned}$$

です。3 パラメータモデルを仮定していた場合の尤度も、1 パラメータモデルと 2 パラメータモデルの場合と同様に解釈してください。

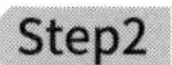

尤度は θ_1 の関数であると仮定する。

$$
\begin{aligned}
&L(\boldsymbol{u}_1|\theta_1)\\
=&\frac{1}{1+\exp\{-1.7a_1(\theta_1-b_1)\}}\times\frac{1}{1+\exp\{-1.7a_2(\theta_1-b_2)\}}\\
&\times\frac{1}{1+\exp\{-1.7a_3(\theta_1-b_3)\}}\times\left(1-\frac{1}{1+\exp\{-1.7a_4(\theta_1-b_4)\}}\right)
\end{aligned}
$$

Step2 についての補足

尤度関数の表記についてです。63 ページを踏まえるなら $L(\theta_1)$ が妥当です。しかしここからは、説明の都合上、$L(\boldsymbol{u}_1|\theta_1)$ と表記します。以降の章でも同様に表記します。

Step3

対数尤度関数である $\log L(\boldsymbol{u}_1|\theta_1)$ を整理する。

$$
\begin{aligned}
&\log L(\boldsymbol{u}_1|\theta_1)\\
=&\log\left\{\frac{1}{1+\exp\{-1.7a_1(\theta_1-b_1)\}}\times\frac{1}{1+\exp\{-1.7a_2(\theta_1-b_2)\}}\right.\\
&\left.\times\frac{1}{1+\exp\{-1.7a_3(\theta_1-b_3)\}}\times\left(1-\frac{1}{1+\exp\{-1.7a_4(\theta_1-b_4)\}}\right)\right\}\\
=&\log\frac{1}{1+\exp\{-1.7a_1(\theta_1-b_1)\}}+\log\frac{1}{1+\exp\{-1.7a_2(\theta_1-b_2)\}}\\
&+\log\frac{1}{1+\exp\{-1.7a_3(\theta_1-b_3)\}}+\log\left(1-\frac{1}{1+\exp\{-1.7a_4(\theta_1-b_4)\}}\right)\\
=&\log\frac{1}{1+\exp\{-1.7\times0.9(\theta_1-(-1.5))\}}+\log\frac{1}{1+\exp\{-1.7\times0.4(\theta_1-(-0.6))\}}\\
&+\log\frac{1}{1+\exp\{-1.7\times1.3(\theta_1-0.1)\}}+\log\left(1-\frac{1}{1+\exp\{-1.7\times0.8(\theta_1-1.2)\}}\right)
\end{aligned}
$$

Step3 についての補足

真の値である a_j と b_j が不明なので、推定値である $\hat{a}_j$ と $\hat{b}_j$ を代入しました。この例題にかぎらず、受験者の能力の最尤推定値を算出するにあたっては項目パラメータの推定値を代入します。

Step4

最尤推定値である $\hat{\theta}_1$ を算出する。

受験者1の能力の最尤推定値は、

$$\hat{\theta}_1 = 0.898$$

である。

Step4 についての補足

能力の最尤推定値の算出にはコンピュータが必要です。Excel で算出する方法を 4.4 節で説明します。

ちなみに受験者2の能力の最尤推定値である $\hat{\theta}_2$ は、θ_2 の対数尤度関数である、

$$\begin{aligned}\log L(\boldsymbol{u}_2|\theta_2) &= L(u_{21}=0, u_{22}=0, u_{23}=1, u_{24}=1|\theta_2)\\ &= \log\left(1-\frac{1}{1+\exp\{-1.7\times 0.9(\theta_2-(-1.5))\}}\right)\\ &\quad +\log\left(1-\frac{1}{1+\exp\{-1.7\times 0.4(\theta_2-(-0.6))\}}\right)\\ &\quad +\log\frac{1}{1+\exp\{-1.7\times 1.3(\theta_2-0.1)\}}\\ &\quad +\log\frac{1}{1+\exp\{-1.7\times 0.8(\theta_2-1.2)\}}\end{aligned}$$

の最大値に対応する θ_2 の値です。$\hat{\theta}_1$ と同様に Excel で算出すればわかるように、$\hat{\theta}_2$=0.321 です。

なお最尤推定法では、全ての問題に正答した受験者の能力の推定値は算出できません。全ての問題に誤答した受験者の能力の推定値も算出できません。

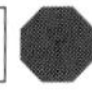

4.4 Excel による最尤推定値の算出

Excel の「ソルバー」という機能を利用して最尤推定値を算出する方法を説明します。「ソルバー」を使うにあたっては、事前に以下の準備が必要です。

① 「ファイル」タブを選び、「オプション」を選び、「アドイン」を選ぶ。
② 「管理」欄で「Excel アドイン」を選び、「設定」を押す。チェックボックスの「ソルバーアドイン」をオンにして「OK」を押す。

本書で扱うデータを、全てではありませんが、Excel のファイルにまとめてあります。本書の出版社であるオーム社のサイトにおける、本書の紹介ページからダウンロードできます。

ファイルに含まれているシートのひとつである、「第 4 章の例」を使って説明します[†3]。

Step1

「データ」タブを選び、「分析」欄の「ソルバー」を選ぶ。

†3　他のシートとして、付録 2 で説明する、**MAP 推定法**と **EAP 推定法**についてのものもあります。必要に応じて使ってください。

Step2

下図のとおりに設定し、「解決」ボタンを押す。

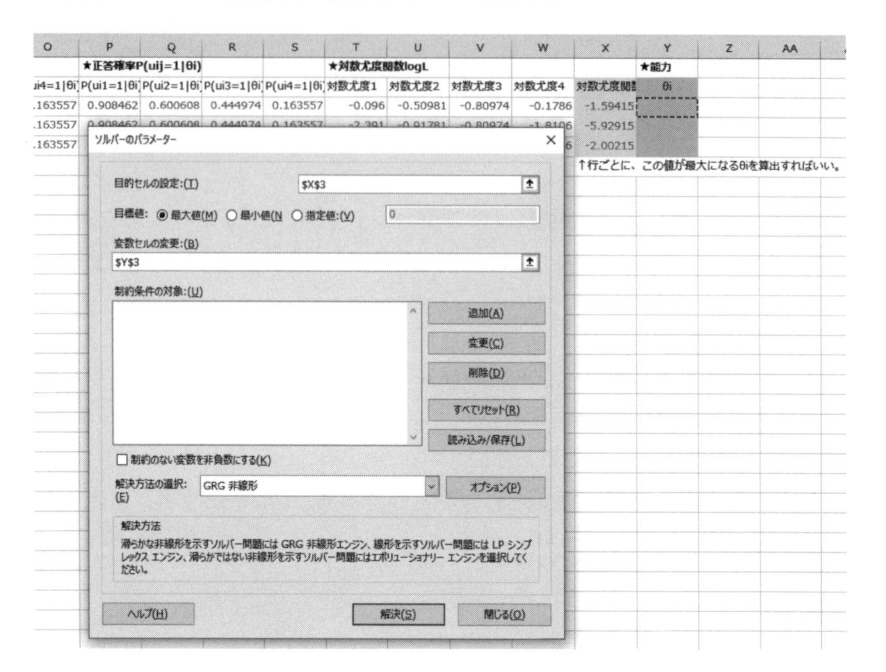

Step3

「OK」ボタンを押す。

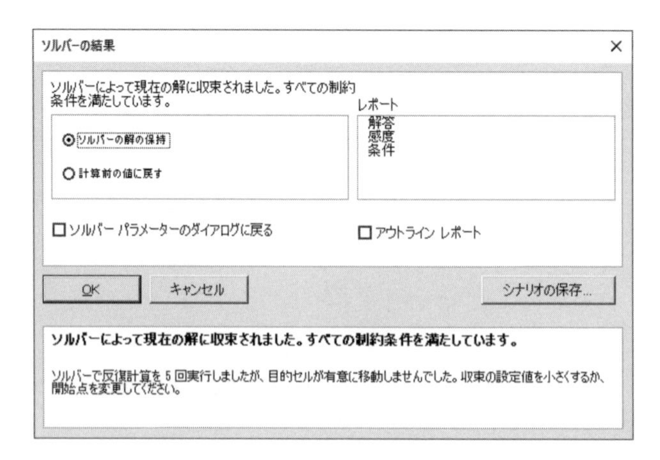

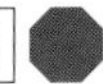

Step4

算出できました！

	W	X	Y	Z	AA	AB
			★能力			
度3	対数尤度4	対数尤度関数	θi			
5834	-0.50854	-1.00042	0.89765			
0974	-1.8106	-5.92915				
0974	-0.1786	-2.00215				
		↑行ごとに、この値が最大になるθiを算出すればいい。				

67ページで示した以下の問題に実際に挑んでみましょう。

問題3

この2次方程式の解を求めなさい。

$$x^2-10x+24=0$$

問題4

問題3における2つの解の最小公倍数を求めなさい。

問題3の解

問題3の意味は、「$x^2-10x+24=0$ という式が成立するためには、つまり $x^2-10x+24$ の値が0であるためには、x の値はいくつであったらいいでしょうか？」である。

2次方程式を整理すると、

$$\begin{aligned} x^2-10x+24 &= x^2-(4+6)x+4\times6 \\ &= (x-4)(x-6) \\ &= 0 \end{aligned}$$

である。したがって解は、

$$x=4,\ 6$$

である。

問題4の解

4の倍数は、4, 8, 12, 16, …である。6の倍数は、6, 12, 18, 24, …である。両者に共通する倍数のうちで最も小さなものが最小公倍数であるから、答えは12である。

第 5 章

各問題の難しさの度合いなどを推定する

―EM アルゴリズムに基づく周辺最尤推定法―

5.1 はじめに

本章で説明するのは、各問題の項目パラメータである、識別力 a_j（※1パラメータモデルであれば a）と困難度 b_j と当て推量 c_j の推定値を算出する方法です。

説明する方法は、「**EMアルゴリズム**に基づく**周辺最尤推定法**」です。数学的に複雑であるとともに易しくないので、「なぜこの方法で推定値を算出できるのか？」という点には言及せず、「とにかくこういう手順を踏めば推定値を算出できる」という形の説明をします。なお「EMアルゴリズムに基づく周辺最尤推定法」という名称は長いので、今後は「周辺最尤推定法」と表記します。

本章の知識がなくても実務では全く困らないはずです。紙面の大きさの都合で記号を多用しているがゆえに説明の抽象度も高めなので、本章を読まずに次章へと進んでもかまいません。ただし本章の分量は他の章にくらべて少なめなので、眺めるくらいはしておいても損はないと思います。

5.2 項目パラメータの推定値

「例題」→「解答」という流れで話を進めます。

本節の目的は、項目パラメータの推定値を周辺最尤推定法で算出する“手順”を理解してもらうことにあります。それゆえ推定値の算出はしません。

先述したように、周辺最尤推定法は、数学的に複雑であるとともに易しくありません。それゆえ本節の例題において推定値を算出すべき対象は、困難度である b_j だけに絞ります。

例題

下表に記されているのは、2 つの問題からなる、あるテストの結果である。1 は正答を意味していて 0 は誤答を意味している。

	問題 1	問題 2
受験者 1	1	0
受験者 2	0	1
受験者 3	1	1

能力が θ_i である受験者 i における問題 j の正答確率を $P(u_{ij}=1 \mid \theta_i)$ と表記するとともに、$a=1$ である 1 パラメータモデルを仮定する。つまり、

$$P(u_{ij}=1|\theta_i)=\frac{1}{1+\exp\{-1.7(\theta_i-b_j)\}}$$

と仮定する。同様に、能力が θ_i である受験者 i における問題 j の誤答確率を $P(u_{ij}=0|\theta_i)$ と表記する。困難度の推定値である、$\hat{b}_1$ と $\hat{b}_2$ を算出せよ。

解答

困難度の推定値である $\hat{b}_1$ と $\hat{b}_2$ は、次に記す Step1 から Step6 までの手順で算出できます。なお説明に使われる $\boldsymbol{u}_i$ という太字の記号の意味は、受験者 i の解答データです。つまり、たとえば、

$$\boldsymbol{u}_2 = (u_{21} = 0, u_{22} = 1)$$

です。

Step1

受験者ごとの尤度関数を求める。

$$\begin{cases} L(\boldsymbol{u}_1|\theta_1) = \dfrac{1}{1+\exp\{-1.7(\theta_1 - b_1)\}} \times \left(1 - \dfrac{1}{1+\exp\{-1.7(\theta_1 - b_2)\}}\right) \\ L(\boldsymbol{u}_2|\theta_2) = \left(1 - \dfrac{1}{1+\exp\{-1.7(\theta_2 - b_1)\}}\right) \times \dfrac{1}{1+\exp\{-1.7(\theta_2 - b_2)\}} \\ L(\boldsymbol{u}_3|\theta_3) = \dfrac{1}{1+\exp\{-1.7(\theta_3 - b_1)\}} \times \dfrac{1}{1+\exp\{-1.7(\theta_3 - b_2)\}} \end{cases}$$

Step2

b_1 の推定値として ${}^{(0)}b_1$ を仮定する。b_2 の推定値として ${}^{(0)}b_2$ を仮定する。

$$\begin{cases} L(\boldsymbol{u}_1|\theta_1) = \dfrac{1}{1+\exp\left\{-1.7\left(\theta_1 - {}^{(0)}b_1\right)\right\}} \times \left(1 - \dfrac{1}{1+\exp\left\{-1.7\left(\theta_1 - {}^{(0)}b_2\right)\right\}}\right) \\ L(\boldsymbol{u}_2|\theta_2) = \left(1 - \dfrac{1}{1+\exp\left\{-1.7\left(\theta_2 - {}^{(0)}b_1\right)\right\}}\right) \times \dfrac{1}{1+\exp\left\{-1.7\left(\theta_2 - {}^{(0)}b_2\right)\right\}} \\ L(\boldsymbol{u}_3|\theta_3) = \dfrac{1}{1+\exp\left\{-1.7\left(\theta_3 - {}^{(0)}b_1\right)\right\}} \times \dfrac{1}{1+\exp\left\{-1.7\left(\theta_3 - {}^{(0)}b_2\right)\right\}} \end{cases}$$

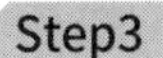

以下に示す、$\hat{N}_m$ の値を算出する。

$$\hat{N}_m = \sum_{i=1}^{3} \frac{L(\boldsymbol{u}_i|x_m) \times \pi_i(x_m) \times \Delta}{\sum_{h=1}^{40} \{L(\boldsymbol{u}_i|x_h) \times \pi_i(x_h) \times \Delta\}}$$

$$= \sum_{i=1}^{3} \frac{L(\boldsymbol{u}_i|x_m) \times \pi_i(x_m)}{\sum_{h=1}^{40} \{L(\boldsymbol{u}_i|x_h) \times \pi_i(x_h)\}}$$

$$= \frac{L(\boldsymbol{u}_1|x_m) \times \pi_1(x_m)}{\sum_{h=1}^{40} \{L(\boldsymbol{u}_1|x_h) \times \pi_1(x_h)\}} + \cdots + \frac{L(\boldsymbol{u}_3|x_m) \times \pi_3(x_m)}{\sum_{h=1}^{40} \{L(\boldsymbol{u}_3|x_h) \times \pi_3(x_h)\}}$$

Step3 についての補足

$\pi_i(x)$ として一般的には、そして本章でも、標準正規分布の確率密度関数を仮定します。つまり、

$$\pi_i(x) = \frac{1}{\sqrt{2\pi}} \exp\left(-\frac{x^2}{2}\right)$$

と仮定します。ただし本章では、紙面の大きさの都合上、これ以降の説明でも $\pi_i(x)$ と略記します。

Δ の意味は、マイナス 4 から 4 までを 40 分割した値である、

$$\Delta = \frac{4-(-4)}{40} = \frac{8}{40} = 0.2$$

です。

x_1 と x_2 と…と x_{40} は、変数でなく定数です。たとえば x_h の意味は、

$$x_h = -4 + (h-1)\Delta$$

です。x_m の意味は、

$$x_m = -4 + (m-1)\Delta$$

です。

2.5節を参照しながら理解してください。$\hat{N}_m$ の1行目の分母は以下の関係から導き出されています。

$$\begin{aligned}
&\int_{-\infty}^{\infty} \{L(\boldsymbol{u}_i|x) \times \pi_i(x)\}\, dx \\
&\approx \int_{-4}^{4} \{L(\boldsymbol{u}_i|x) \times \pi_i(x)\}\, dx \\
&\approx \sum_{h=1}^{40} \{L(\boldsymbol{u}_i|x_h) \times \pi_i(x_h) \times \Delta\} \\
&= \sum_{h=1}^{40} \{L(\boldsymbol{u}_i|-4+(h-1)\Delta) \times \pi_i(-4+(h-1)\Delta) \times \Delta\}
\end{aligned}$$

紙面の大きさの都合で略記していますけれども、たとえば前ページにおける $\hat{N}_m$ の3行目の第1項を具体的に記すと、以下のとおりです。

$$\begin{aligned}
&\frac{L(\boldsymbol{u}_1|x_m) \times \pi_1(x_m)}{\displaystyle\sum_{h=1}^{40} \{L(\boldsymbol{u}_1|x_h) \times \pi_1(x_h)\}} \\
&= \frac{\dfrac{1}{1+e^{-1.7\left(\{-4+(m-1)\Delta\}-{}^{(0)}b_1\right)}} \times \left(1 - \dfrac{1}{1+e^{-1.7\left(\{-4+(m-1)\Delta\}-{}^{(0)}b_2\right)}}\right) \times \dfrac{1}{\sqrt{2\pi}} e^{-\frac{\{-4+(m-1)\Delta\}^2}{2}}}{\displaystyle\sum_{h=1}^{40} \left\{\dfrac{1}{1+e^{-1.7\left(\{-4+(h-1)\Delta\}-{}^{(0)}b_1\right)}} \times \left(1 - \dfrac{1}{1+e^{-1.7\left(\{-4+(h-1)\Delta\}-{}^{(0)}b_2\right)}}\right) \times \dfrac{1}{\sqrt{2\pi}} e^{-\frac{\{-4+(h-1)\Delta\}^2}{2}}\right\}}
\end{aligned}$$

$\hat{N}_m$ の意味と言うか、そもそも $\hat{N}_m$ は何者なのかを147ページから説明しています。数学的な背景に興味のある読者は読んでみてください。

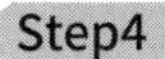

以下に示す、$\hat{N}_m$ の各項に u_{ij} をかけたものである、$\hat{r}_{1,m}$ と $\hat{r}_{2,m}$ の値を算出する。

$$\hat{r}_{1,m} = \sum_{i=1}^{3} \left(u_{i1} \times \frac{L(\boldsymbol{u}_i|x_m) \times \pi_i(x_m)}{\sum_{h=1}^{40} \{L(\boldsymbol{u}_i|x_h) \times \pi_i(x_h)\}} \right)$$

$$= u_{11} \times \frac{L(\boldsymbol{u}_1|x_m) \times \pi_1(x_m)}{\sum_{h=1}^{40} \{L(\boldsymbol{u}_1|x_h) \times \pi_1(x_h)\}} + \cdots + u_{31} \times \frac{L(\boldsymbol{u}_3|x_m) \times \pi_3(x_m)}{\sum_{h=1}^{40} \{L(\boldsymbol{u}_3|x_h) \times \pi_3(x_h)\}}$$

$$= 1 \times \frac{L(\boldsymbol{u}_1|x_m) \times \pi_1(x_m)}{\sum_{h=1}^{40} \{L(\boldsymbol{u}_1|x_h) \times \pi_1(x_h)\}} + \cdots + 1 \times \frac{L(\boldsymbol{u}_3|x_m) \times \pi_3(x_m)}{\sum_{h=1}^{40} \{L(\boldsymbol{u}_3|x_h) \times \pi_3(x_h)\}}$$

$$\hat{r}_{2,m} = \sum_{i=1}^{3} \left(u_{i2} \times \frac{L(\boldsymbol{u}_i|x_m) \times \pi_i(x_m)}{\sum_{h=1}^{40} \{L(\boldsymbol{u}_i|x_h) \times \pi_i(x_h)\}} \right)$$

$$= u_{12} \times \frac{L(\boldsymbol{u}_1|x_m) \times \pi_1(x_m)}{\sum_{h=1}^{40} \{L(\boldsymbol{u}_1|x_h) \times \pi_1(x_h)\}} + \cdots + u_{32} \times \frac{L(\boldsymbol{u}_3|x_m) \times \pi_3(x_m)}{\sum_{h=1}^{40} \{L(\boldsymbol{u}_3|x_h) \times \pi_3(x_h)\}}$$

$$= 0 \times \frac{L(\boldsymbol{u}_1|x_m) \times \pi_1(x_m)}{\sum_{h=1}^{40} \{L(\boldsymbol{u}_1|x_h) \times \pi_1(x_h)\}} + \cdots + 1 \times \frac{L(\boldsymbol{u}_3|x_m) \times \pi_3(x_m)}{\sum_{h=1}^{40} \{L(\boldsymbol{u}_3|x_h) \times \pi_3(x_h)\}}$$

Step5

Step3 と Step4 で求められた値を以下の式に代入して解く。b_1 の解を ${}^{(1)}b_1$ とおき、b_2 の解を ${}^{(1)}b_2$ とおく。

$$\begin{cases} \left(\hat{r}_{1,1} - \dfrac{\hat{N}_1}{1+\exp\{-1.7(x_1-b_1)\}}\right) + \cdots + \left(\hat{r}_{1,40} - \dfrac{\hat{N}_{40}}{1+\exp\{-1.7(x_{40}-b_1)\}}\right) = 0 \\ \left(\hat{r}_{2,1} - \dfrac{\hat{N}_1}{1+\exp\{-1.7(x_1-b_2)\}}\right) + \cdots + \left(\hat{r}_{2,40} - \dfrac{\hat{N}_{40}}{1+\exp\{-1.7(x_{40}-b_2)\}}\right) = 0 \end{cases}$$

Step6

Step2 の ${}^{(0)}b_1$ を Step5 の ${}^{(1)}b_1$ に置き換え、${}^{(0)}b_2$ を ${}^{(1)}b_2$ に置き換える。そのうえで Step3 から Step5 までを実行し、b_1 の解を ${}^{(2)}b_1$ とおき、b_2 の解を ${}^{(2)}b_2$ とおく。この一連の手順を延々と繰り返すと帰着するのが、$\hat{b}_1$ と $\hat{b}_2$ である。

Step6 についての補足

前章で説明した能力の推定値は、“各” 受験者の正答と誤答の情報から算出されました。本章で説明した項目パラメータの推定値は、ここまでの話からわかるように、“全” 受験者の正答と誤答の情報から算出されます。

なお周辺最尤推定法では、受験者全員が正答した問題の項目パラメータの推定値は算出できません。受験者全員が誤答した問題の項目パラメータの推定値も算出できません。

5.3 数学的な背景

数学的な背景に興味のない読者には読まないことを勧めます。

以下に示す、

$$\int_{-\infty}^{\infty} L(\boldsymbol{u}_1|\theta_1)\,\pi_1(\theta_1)\,d\theta_1 \times \int_{-\infty}^{\infty} L(\boldsymbol{u}_2|\theta_2)\,\pi_2(\theta_2)\,d\theta_2 \times \int_{-\infty}^{\infty} L(\boldsymbol{u}_3|\theta_3)\,\pi_3(\theta_3)\,d\theta_3$$

を**周辺尤度関数**と言います。「周辺」の意味は、この例で言うと、θ_1 と θ_2 と θ_3 の存在を式中から消して項目パラメータのみに注目するということです。

「周辺尤度関数における各定積分の中身」の積である、

$$L(\boldsymbol{u}_1|\theta_1)\pi_1(\theta_1) \times L(\boldsymbol{u}_2|\theta_2)\pi_2(\theta_2) \times L(\boldsymbol{u}_3|\theta_3)\pi_3(\theta_3)$$

を**完全データ尤度関数**と言います。その対数である、

$$\begin{aligned} &\log\{L(\boldsymbol{u}_1|\theta_1)\pi_1(\theta_1)\} + \log\{L(\boldsymbol{u}_2|\theta_2)\pi_2(\theta_2)\} + \log\{L(\boldsymbol{u}_3|\theta_3)\pi_3(\theta_3)\} \\ &= \sum_{i=1}^{3} \log\{L(\boldsymbol{u}_i|\theta_i)\pi_i(\theta_i)\} \end{aligned}$$

を**対数完全データ尤度関数**と言います。

対数完全データ尤度関数の $(\theta_1, \theta_2, \theta_3)$ についての期待値[†1]は、複雑であるとともに易しくないので詳細は省きますけれども、次ページのとおりです。これを導出する行為は EM アルゴリズムにおいて「E ステップ」と呼ばれます。E の意味は Expectation（＝期待値）です。これを最大化する b_1 と b_2 を算出する行為は「M ステップ」と呼ばれます。M の意味は Maximization（＝最大化）です。これを b_1 と b_2 についてそれぞれ微分して 0 とおいたものが、Step5 における 2 つの式です。

†1　**期待値**については 134 ページから説明しています。

$$
\begin{aligned}
&E\left(\sum_{i=1}^{3}\log\{L(\boldsymbol{u}_i|\theta_i)\pi_i(\theta_i)\}\right)\\
&\approx\sum_{j=1}^{2}\left(\sum_{m=1}^{40}\left\{\hat{r}_{j,m}\log\frac{1}{1+\exp\{-1.7(x_m-b_j)\}}\right.\right.\\
&\qquad\left.\left.+(\hat{N}_m-\hat{r}_{j,m})\log\left(1-\frac{1}{1+\exp\{-1.7(x_m-b_j)\}}\right)\right\}\right)\\
&=\left\{\hat{r}_{1,1}\log\frac{1}{1+\exp\{-1.7(x_1-b_1)\}}\right.\\
&\qquad\left.+(\hat{N}_1-\hat{r}_{1,1})\log\left(1-\frac{1}{1+\exp\{-1.7(x_1-b_1)\}}\right)\right\}+\cdots\\
&\quad\cdots+\left\{\hat{r}_{1,40}\log\frac{1}{1+\exp\{-1.7(x_{40}-b_1)\}}\right.\\
&\qquad\left.+(\hat{N}_{40}-\hat{r}_{1,40})\log\left(1-\frac{1}{1+\exp\{-1.7(x_{40}-b_1)\}}\right)\right\}\\
&\quad+\left\{\hat{r}_{2,1}\log\frac{1}{1+\exp\{-1.7(x_1-b_2)\}}\right.\\
&\qquad\left.+(\hat{N}_1-\hat{r}_{2,1})\log\left(1-\frac{1}{1+\exp\{-1.7(x_1-b_2)\}}\right)\right\}+\cdots\\
&\quad\cdots+\left\{\hat{r}_{2,40}\log\frac{1}{1+\exp\{-1.7(x_{40}-b_2)\}}\right.\\
&\qquad\left.+(\hat{N}_{40}-\hat{r}_{2,40})\log\left(1-\frac{1}{1+\exp\{-1.7(x_{40}-b_2)\}}\right)\right\}
\end{aligned}
$$

第6章

未来のテストのために問題を蓄える

—等化による項目プールの生成—

6.1 はじめに

75 問からなる「テスト T」が T 大学の 1986 人を対象に実施されました。以下に示す 2 つのヒストグラムは、正答数と能力の推定値についてのものです。いずれの縦軸も割合を意味しています。なお能力の値が $\theta^{[T]}$ である学生における問題 j の正答確率として、2 パラメータモデルである、

$$P^{[T]}(u_j = 1|\theta^{[T]}) = \frac{1}{1+\exp\{-1.7a_j^{[T]}(\theta^{[T]}-b_j^{[T]})\}}$$

を仮定しています。

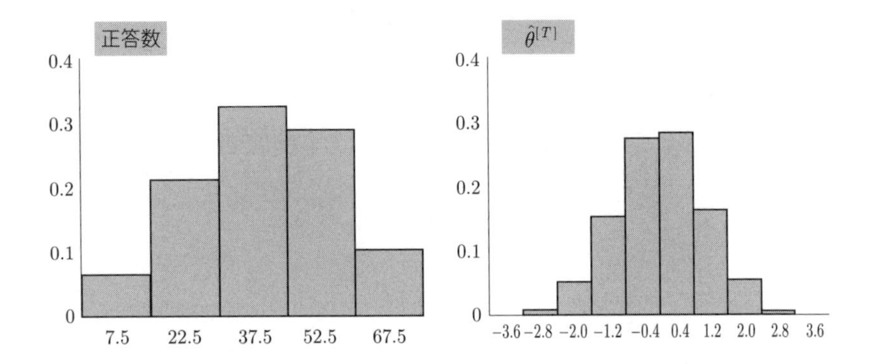

先ほどと同じ「テスト T」が F 大学の 657 人を対象に実施されました。次に示す 2 つのヒストグラムは、正答数と能力の推定値についてのものです。いずれの縦軸も割合を意味しています。なお能力の値が $\theta^{[F]}$ である学生における問題 j の正答確率として、2 パラメータモデルである、

$$P^{[F]}(u_j = 1|\theta^{[F]}) = \frac{1}{1+\exp\{-1.7a_j^{[F]}(\theta^{[F]}-b_j^{[F]})\}}$$

を仮定しています。

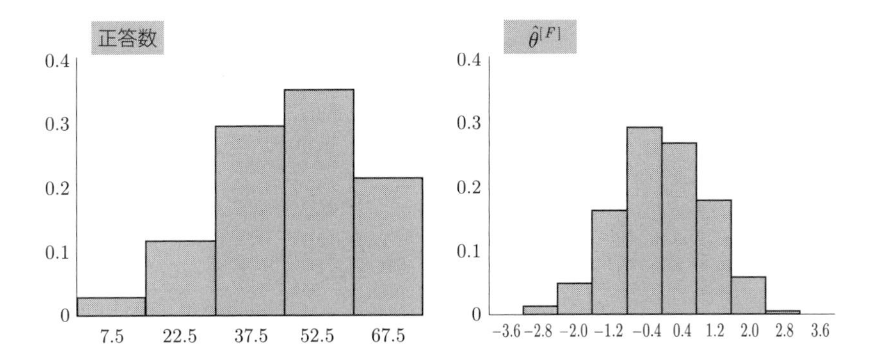

「テスト T」の項目パラメータの推定値は、解答データである、各学生の正答と誤答の情報から算出されます。注意すべき点が 2 つあります。1 つめ。T 大学の解答データから $a_j^{[T]}$ と $b_j^{[T]}$ の推定値が算出される一方で、$a_j^{[F]}$ と $b_j^{[F]}$ の推定値は F 大学の解答データから算出されます。要するに項目パラメータの推定値は集団ごとに算出されます。したがって、確実に、

$$\begin{cases} \hat{a}_j^{[T]} \neq \hat{a}_j^{[F]} \\ \hat{b}_j^{[T]} \neq \hat{b}_j^{[F]} \end{cases}$$

です。注意すべき点の 2 つめ。第 4 章での説明からわかるように、項目パラメータの推定値に基づいて能力の推定値は算出されます。したがって T 大学の「学生 1093T」と F 大学の「学生 422F」の能力について $\hat{\theta}_{1093T}^{[T]} = \hat{\theta}_{422F}^{[F]}$ という関係が成立したとしても、1 つめの注意点を踏まえればわかるように、2 人の能力が等しいわけではありません。

次表を見てください。T 大学の 1986 人のデータと F 大学の 657 人のデータを整理したものです。

T 大学

	正答数	能力 $\hat{\theta}^{[T]}$
学生 1T	4	−3.263
⋮	⋮	⋮
学生 1984T	71	2.654
学生 1985T	71	2.699
学生 1986T	71	2.762
平均	39.303	0.003
分散	238.989	1.040

F 大学

	正答数	能力 $\hat{\theta}^{[F]}$
学生 1F	5	−3.174
⋮	⋮	⋮
学生 655F	71	2.244
学生 656F	72	2.306
学生 657F	72	2.426
平均	46.059	−0.001
分散	223.091	1.041

正答数の多さに注目すると、T 大学の「学生 1986T」よりも F 大学の「学生 657F」のほうが優れています。しかし 2 人の能力の推定値に注目すると、後者のほうが劣っています。矛盾の原因は、両校の正答数のグラフを比較すれば明らかなように、T 大学の成績にくらべて F 大学のそれのほうが全体として優れていることにあります[†1]。述べたばかりではあるものの重要なのでいまいちど記すと、項目パラメータの推定値は集団ごとに算出され、それに基づいて能力の推定値が算出されます。

本章で説明するのは、F 大学の学生の能力を T 大学の土俵に乗せて評価する方法です。のみならず、と言うよりもこちらが本題なのですけれども、未来のテストのために問題を蓄える方法も説明します。

後の計算に必要なので、項目パラメータの推定値を表にまとめておきました[†2]。先述した以下の関係が成立していることを実感してください。

$$\begin{cases} \hat{a}_j^{[T]} \neq \hat{a}_j^{[F]} \\ \hat{b}_j^{[T]} \neq \hat{b}_j^{[F]} \end{cases}$$

†1　他の原因として、困難度の値の大きな問題に「学生 1986T」のほうが数多く正答した可能性も考えられます。

†2　本章における項目パラメータの推定値と能力の推定値は、R の irtoys パッケージから ICL を呼び出して算出しています。インストール方法などについては、加藤他『R による項目反応理論』（オーム社）を参考にしてください。

T 大学の解答データから算出された項目パラメータの推定値

	識別力 $\hat{a}_j^{[T]}$	困難度 $\hat{b}_j^{[T]}$		識別力 $\hat{a}_j^{[T]}$	困難度 $\hat{b}_j^{[T]}$		識別力 $\hat{a}_j^{[T]}$	困難度 $\hat{b}_j^{[T]}$
問題 1	0.774	−3.270	問題 26	0.773	−0.566	問題 51	0.467	0.442
問題 2	1.168	−2.223	問題 27	1.023	−0.529	問題 52	0.764	0.494
問題 3	0.509	−2.037	問題 28	0.518	−0.447	問題 53	0.498	0.534
問題 4	0.964	−2.029	問題 29	0.456	−0.445	問題 54	0.763	0.564
問題 5	1.317	−1.820	問題 30	0.676	−0.428	問題 55	0.615	0.579
問題 6	1.200	−1.627	問題 31	0.385	−0.399	問題 56	0.931	0.589
問題 7	0.801	−1.604	問題 32	0.844	−0.392	問題 57	0.978	0.617
問題 8	1.170	−1.597	問題 33	1.212	−0.319	問題 58	1.385	0.667
問題 9	0.592	−1.508	問題 34	0.869	−0.291	問題 59	0.638	0.728
問題 10	0.857	−1.494	問題 35	0.840	−0.280	問題 60	0.665	0.907
問題 11	1.188	−1.329	問題 36	1.294	−0.151	問題 61	1.177	0.940
問題 12	0.804	−1.282	問題 37	1.281	−0.111	問題 62	0.487	0.980
問題 13	1.077	−1.246	問題 38	0.619	−0.101	問題 63	1.109	1.060
問題 14	0.877	−1.243	問題 39	0.836	−0.091	問題 64	1.021	1.066
問題 15	1.261	−1.242	問題 40	1.106	−0.067	問題 65	1.068	1.267
問題 16	1.132	−1.168	問題 41	1.270	−0.056	問題 66	0.938	1.347
問題 17	1.020	−1.028	問題 42	0.759	−0.041	問題 67	1.094	1.376
問題 18	0.714	−0.988	問題 43	0.623	0.040	問題 68	1.364	1.476
問題 19	0.589	−0.916	問題 44	1.179	0.061	問題 69	0.979	1.502
問題 20	0.742	−0.838	問題 45	1.019	0.074	問題 70	0.943	1.505
問題 21	0.637	−0.803	問題 46	0.513	0.144	問題 71	0.564	1.563
問題 22	1.049	−0.706	問題 47	0.627	0.159	問題 72	1.197	1.762
問題 23	1.143	−0.674	問題 48	0.903	0.217	問題 73	1.466	1.792
問題 24	0.643	−0.615	問題 49	0.718	0.309	問題 74	1.331	1.873
問題 25	0.968	−0.583	問題 50	1.107	0.323	問題 75	1.342	2.166

F 大学の解答データから算出された項目パラメータの推定値

	識別力 $\hat{a}_j^{[F]}$	困難度 $\hat{b}_j^{[F]}$
問題 1	0.878	−3.429
問題 2	2.077	−2.327
問題 3	0.489	−2.447
問題 4	0.910	−2.633
問題 5	1.284	−2.282
問題 6	1.339	−2.118
問題 7	1.037	−1.857
問題 8	1.138	−2.352
問題 9	0.638	−1.823
問題 10	0.742	−2.271
問題 11	0.930	−2.081
問題 12	0.859	−1.761
問題 13	1.177	−1.627
問題 14	0.788	−1.733
問題 15	1.093	−1.893
問題 16	1.065	−1.676
問題 17	1.094	−1.370
問題 18	0.835	−1.352
問題 19	0.485	−1.577
問題 20	0.742	−1.284
問題 21	0.791	−1.161
問題 22	1.068	−1.094
問題 23	1.001	−1.246
問題 24	0.654	−1.209
問題 25	0.973	−1.166

	識別力 $\hat{a}_j^{[F]}$	困難度 $\hat{b}_j^{[F]}$
問題 26	0.710	−1.163
問題 27	0.980	−0.882
問題 28	0.642	−0.701
問題 29	0.549	−0.930
問題 30	0.726	−0.864
問題 31	0.434	−0.839
問題 32	0.845	−0.784
問題 33	1.223	−0.844
問題 34	0.765	−0.710
問題 35	0.831	−0.737
問題 36	1.158	−0.639
問題 37	1.282	−0.592
問題 38	0.653	−0.481
問題 39	0.905	−0.608
問題 40	1.066	−0.527
問題 41	1.306	−0.429
問題 42	0.785	−0.352
問題 43	0.670	−0.502
問題 44	1.195	−0.295
問題 45	1.022	−0.434
問題 46	0.512	−0.297
問題 47	0.682	−0.357
問題 48	0.407	−0.161
問題 49	0.696	−0.144
問題 50	1.251	−0.133

	識別力 $\hat{a}_j^{[F]}$	困難度 $\hat{b}_j^{[F]}$
問題 51	0.459	−0.065
問題 52	0.693	−0.038
問題 53	0.666	0.028
問題 54	0.833	0.188
問題 55	0.606	0.072
問題 56	1.063	0.229
問題 57	1.012	0.211
問題 58	1.282	0.259
問題 59	0.633	0.396
問題 60	0.689	0.208
問題 61	1.050	0.579
問題 62	0.479	0.677
問題 63	0.943	0.749
問題 64	1.102	0.467
問題 65	0.975	0.756
問題 66	1.043	0.827
問題 67	1.378	0.942
問題 68	1.200	1.075
問題 69	0.901	1.245
問題 70	0.855	1.091
問題 71	0.431	0.914
問題 72	1.353	1.119
問題 73	1.347	1.346
問題 74	0.790	1.931
問題 75	1.410	1.633

6.2 等化

等化係数

先述した、能力の値が $\theta^{[F]}$ である学生における問題 j の正答確率である $P^{[F]}(u_j=1\,|\,\theta^{[F]})$ は、書き替えようと思えば、

$$\begin{aligned}P^{[F]}(u_j=1|\theta^{[F]}) &= \frac{1}{1+\exp\{-1.7a_j^{[F]}(\theta^{[F]}-b_j^{[F]})\}}\\ &= \frac{1}{1+\exp\left\{-1.7\dfrac{a_j^{[F]}}{A}(A\theta^{[F]}-Ab_j^{[F]})\right\}}\\ &= \frac{1}{1+\exp\left\{-1.7\dfrac{a_j^{[F]}}{A}((A\theta^{[F]}+B)-(Ab_j^{[F]}+B))\right\}}\\ &= \frac{1}{1+\exp\{-1.7a_j^{[T]}(\theta^{[T]}-b_j^{[T]})\}}\\ &= P^{[T]}(u_j=1|\theta^{[T]})\end{aligned}$$

と書き替えられます。つまり F 大学における $a_j^{[F]}$ と T 大学における $a_j^{[T]}$ について、

$$a_j^{[T]} = \frac{a_j^{[F]}}{A}$$

という関係が成立します。F 大学における $b_j^{[F]}$ と T 大学における $b_j^{[T]}$ について、

$$b_j^{[T]} = Ab_j^{[F]} + B$$

という関係が成立します。F 大学における $\theta^{[F]}$ と T 大学における $\theta^{[T]}$ について、

$$\theta^{[T]} = A\theta^{[F]} + B$$

という関係が成立します。

T 大学が基準であると定義し、$a_j^{[F]}$ と $b_j^{[F]}$ と $\theta^{[F]}$ を変換して T 大学に揃える行為を、「F を T に**等化**する」などと表現します[†3]。A と B は**等化係数**と呼ばれます。

等化係数である A と B の値を推定する方法がいくつか考案されています。そのひとつである **mean-sigma 法**を本章では説明します[†4]。

項目パラメータの等化

困難度の平均について、

$$\begin{aligned}
\bar{b}^{[T]} &= \frac{b_1^{[T]} + \cdots + b_{75}^{[T]}}{75} \\
&= \frac{\left(Ab_1^{[F]} + B\right) + \cdots + \left(Ab_{75}^{[F]} + B\right)}{75} \\
&= \frac{A\left(b_1^{[F]} + \cdots + b_{75}^{[F]}\right) + B \times 75}{75} \\
&= A \times \frac{b_1^{[F]} + \cdots + b_{75}^{[F]}}{75} + B \\
&= A\bar{b}^{[F]} + B
\end{aligned}$$

という関係が成立します[†5]。困難度の平方和について、

†3　「なぜ2つの大学の名称が、『X と Y』や『α と β』などでなく、『F と T』なのだろう？」と不思議に思っていた読者は少なくないでしょう。変換するほうの大学の名称である F は、From の頭文字です。基準であるほうの大学の名称である T は、To の頭文字です。

†4　他にも、本書では説明しませんけれども、**mean-mean 法**や **Haebara 法**などがあります。

†5　平均の表記は、文字の上に横棒を頂くのが一般的です。

$$
\begin{aligned}
&\left(b_1^{[T]}-\bar{b}^{[T]}\right)^2+\cdots+\left(b_{75}^{[T]}-\bar{b}^{[T]}\right)^2\\
&=\left\{\left(Ab_1^{[F]}+B\right)-\left(A\bar{b}^{[F]}+B\right)\right\}^2+\cdots+\left\{\left(Ab_{75}^{[F]}+B\right)-\left(A\bar{b}^{[F]}+B\right)\right\}^2\\
&=A^2\left\{\left(b_1^{[F]}-\bar{b}^{[F]}\right)^2+\cdots+\left(b_{75}^{[F]}-\bar{b}^{[F]}\right)^2\right\}
\end{aligned}
$$

という関係が成立します。話をまとめると、等化係数である A と B について、

$$
\begin{cases}
A=\sqrt{\dfrac{\left(b_1^{[T]}-\bar{b}^{[T]}\right)^2+\cdots+\left(b_{75}^{[T]}-\bar{b}^{[T]}\right)^2}{\left(b_1^{[F]}-\bar{b}^{[F]}\right)^2+\cdots+\left(b_{75}^{[F]}-\bar{b}^{[F]}\right)^2}}\\
B=\bar{b}^{[T]}-A\bar{b}^{[F]}
\end{cases}
$$

という関係が成立します。真の値である $b_j^{[T]}$ と $b_j^{[F]}$ は不明なので、推定値である $\hat{b}_j^{[T]}$ と $\hat{b}_j^{[F]}$ を上式に代入したものが A と B の推定値だと mean-sigma 法では解釈します。

下表に記されているのは、T 大学と F 大学の、項目パラメータの推定値です[†6]。

	***T* 大学**		***F* 大学**	
	識別力 $\hat{a}_j^{[T]}$	困難度 $\hat{b}_j^{[T]}$	識別力 $\hat{a}_j^{[F]}$	困難度 $\hat{b}_j^{[F]}$
問題 1	0.774	−3.270	0.878	−3.429
⋮	⋮	⋮	⋮	⋮
問題 74	1.331	1.873	0.790	1.931
問題 75	1.342	2.166	1.410	1.633
平均	0.912	−0.126	0.914	−0.578
平方和	—	92.697	—	94.828

F 大学を T 大学に等化する場合における、等化係数の推定値は次のとおりです。

†6　もちろん算出はできるものの記す必要が特にないので、たとえば $\hat{a}_j^{[T]}$ の平方和を「—」という記号で表現しています。これ以降の表にも同様の記述があります。

$$\left\{\begin{aligned}\hat{A}&=\sqrt{\frac{(-3.270-(-0.126))^2+\cdots+(2.166-(-0.126))^2}{(-3.429-(-0.578))^2+\cdots+(1.633-(-0.578))^2}}\\&=\sqrt{\frac{92.697}{94.828}}=0.989\\\hat{B}&=\frac{-3.270+\cdots+2.166}{75}-\hat{A}\times\frac{-3.429+\cdots+1.633}{75}\\&=-0.126-0.989\times(-0.578)=0.445\end{aligned}\right.$$

下表は、ひとつ前の表の右側に、F大学をT大学に等化した結果を加えたものです。そうなるように定義されているので当然ではありますけれども、等化した困難度の平均はT大学のそれに等しいのがわかります。

	T大学		F大学		F大学（T大学に等化）	
	識別力 $\hat{a}_j^{[T]}$	困難度 $\hat{b}_j^{[T]}$	識別力 $\hat{a}_j^{[F]}$	困難度 $\hat{b}_j^{[F]}$	識別力 $\hat{a}_j^{[F\to T]}$	困難度 $\hat{b}_j^{[F\to T]}$
問題1	0.774	−3.270	0.878	−3.429	0.888	−2.945
⋮	⋮	⋮	⋮	⋮	⋮	⋮
問題74	1.331	1.873	0.790	1.931	0.799	2.355
問題75	1.342	2.166	1.410	1.633	1.426	2.059
平均	0.912	−0.126	0.914	−0.578	0.925	−0.126
平方和	—	92.697	—	94.828	—	—

$$\frac{\hat{a}_{74}^{[F]}}{\hat{A}}=\frac{0.790}{0.989}=0.799$$

$$\hat{A}\hat{b}_{75}^{[F]}+\hat{B}=0.989\times1.633+0.445=2.059$$

試しに、項目パラメータの推定値についてのグラフを描きました。2つのグラフのいずれも、75個の点と、原点を通る傾き1の直線からなります。横軸が意味するのは、T大学における項目パラメータの推定値です。縦軸が意味するのは、F大学における項目パラメータの推定値をT大学に等化した結果です[†7]。

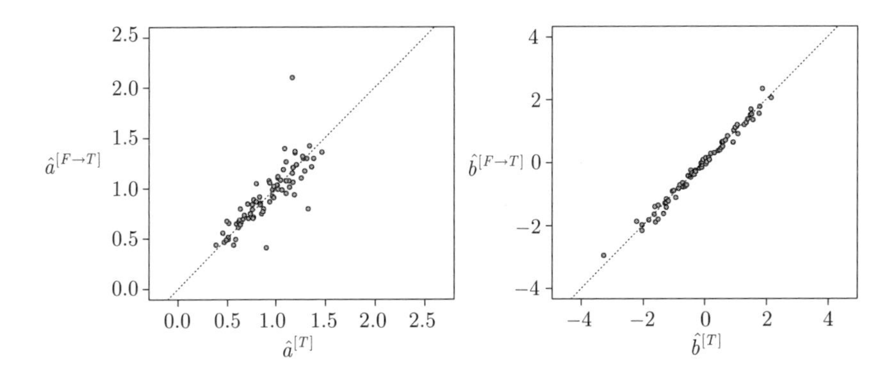

能力の等化

次表は、90ページの表の右側に、F大学をT大学に等化した結果を加えたものです。T大学の「学生1986T」とF大学の「学生657F」に注目してください。正答数の多さで優っている後者の能力の推定値が、等化により、前者よりも大きくなりました。

†7 左側のグラフを見てください。上部の1点と下部の2点が他から大きく離れています。問題2と問題48と問題74です。右側のグラフを見てください。左下の1点が他から大きく離れています。問題1です。場合によっては、これら4つ(のうちのいくつか)の問題のデータを捨てて、あらためて項目パラメータの推定値を算出したうえで等化をやり直したほうが適切かもしれません。本書では75問のままで話を進めていきます。

T 大学

	正答数	能力 $\hat{\theta}^{[T]}$
学生 1T	4	−3.263
⋮	⋮	⋮
学生 1984T	71	2.654
学生 1985T	71	2.699
学生 1986T	71	2.762
平均	39.303	0.003
分散	238.989	1.040

F 大学

	正答数	能力 $\hat{\theta}^{[F]}$	能力 $\hat{\theta}^{[F\to T]}$
学生 1F	5	−3.174	−2.693
⋮	⋮	⋮	⋮
学生 655F	71	2.244	2.663
学生 656F	72	2.306	2.725
学生 657F	72	2.426	2.844
平均	46.059	−0.001	0.444
分散	223.091	1.041	1.017

$\hat{A}\hat{\theta}_{75}^{[F]} + \hat{B} = 0.989 \times 2.426 + 0.445 = 2.844$

6.3 項目プール

「テスト T」と同一の問題が 5 つ含まれた、40 問からなる「テスト α」が α 大学の 999 人を対象に実施されました。その結果を記したものが下表です。1 は正答を意味していて 0 は誤答を意味しています。なお能力の値が $\theta^{[\alpha]}$ である学生における問題 j の正答確率として、2 パラメータモデルである、

$$P^{[\alpha]}\left(u_j = 1|\theta^{[\alpha]}\right) = \frac{1}{1 + \exp\left\{-1.7a_j^{[\alpha]}\left(\theta^{[\alpha]} - b_j^{[\alpha]}\right)\right\}}$$

を仮定しています。

	「テスト T」の問題 15 ↓	「テスト T」の問題 30 ↓	「テスト T」の問題 45 ↓	「テスト T」の問題 60 ↓	「テスト T」の問題 75 ↓			
	問題 1	問題 2	問題 3	問題 4	問題 5	問題 6	⋯	問題 40
学生 1α	0	0	0	0	0	0	⋯	0
⋮	⋮	⋮	⋮	⋮	⋮	⋮	⋮	⋮
学生 999α	1	1	1	0	0	1	⋯	1

次表に記されているのは、「テスト T」と「テスト α」に共通する 5 つの問題の、項目パラメータの推定値です。α 大学を T 大学に等化した結果を表の右側に加えています。なお α 大学を T 大学に等化する場合における、等化係数の推定値は次のとおりです。

$$
\begin{cases}
\hat{A} = \sqrt{\dfrac{(-1.242-0.295)^2+\cdots+(2.166-0.295)^2}{(-1.575-0.582)^2+\cdots+(3.110-0.582)^2}} \\
\quad = \sqrt{\dfrac{6.810}{13.365}} = 0.714 \\
\hat{B} = \dfrac{-1.242+\cdots+2.166}{5} - \hat{A} \times \dfrac{-1.575+\cdots+3.110}{5} \\
\quad = 0.295 - 0.714 \times 0.582 = -0.120
\end{cases}
$$

***T* 大学**		
	識別力 $\hat{a}_j^{[T]}$	困難度 $\hat{b}_j^{[T]}$
「テスト T」の問題 15	1.261	−1.242
「テスト T」の問題 30	0.676	−0.428
「テスト T」の問題 45	1.019	0.074
「テスト T」の問題 60	0.665	0.907
「テスト T」の問題 75	1.342	2.166
平均	0.993	0.295
平方和	—	6.810

	α 大学		**α 大学（T 大学に等化）**	
	識別力 $\hat{a}_j^{[\alpha]}$	困難度 $\hat{b}_j^{[\alpha]}$	識別力 $\hat{a}_j^{[\alpha\to T]}$	困難度 $\hat{b}_j^{[\alpha\to T]}$
問題 1	0.904	−1.575	1.266	−1.244
問題 2	0.523	−0.467	0.732	−0.453
問題 3	0.643	0.215	0.901	0.034
問題 4	0.390	1.624	0.546	1.040
問題 5	1.002	3.110	1.404	2.100
平均	0.692	0.582	0.970	0.295
平方和	—	13.365	—	—

$$\frac{\hat{a}_4^{[\alpha]}}{\hat{A}} = \frac{0.390}{0.714} = 0.546$$

$$\hat{A}\hat{b}_5^{[\alpha]} + \hat{B} = 0.714 \times 3.110 + (-0.120) = 2.100$$

「テスト α」の全ての項目パラメータの推定値を次表に記しました。α 大学を T 大学に等化した結果も加えています。刮目（かつもく）に値するのが、T 大学の学生は解いていないにもかかわらず、問題 6 から問題 40 までの識別力と困難度が T 大学に等化されている点です。

	識別力 $\hat{a}_j^{[\alpha]}$	困難度 $\hat{b}_j^{[\alpha]}$	識別力 $\hat{a}_j^{[\alpha\to T]}$	困難度 $\hat{b}_j^{[\alpha\to T]}$
問題 1	0.904	−1.575	1.266	−1.244
問題 2	0.523	−0.467	0.732	−0.453
問題 3	0.643	0.215	0.901	0.034
問題 4	0.390	1.624	0.546	1.040
問題 5	1.002	3.110	1.404	2.100
問題 6	1.497	−2.229	2.097	−1.711
問題 7	1.423	−2.220	1.994	−1.705
問題 8	1.404	−2.127	1.967	−1.638
問題 9	1.264	−2.061	1.770	−1.591
問題 10	0.479	−1.775	0.671	−1.386
問題 11	0.351	−1.676	0.492	−1.316
問題 12	0.739	−1.341	1.035	−1.077
問題 13	0.549	−1.407	0.768	−1.124
問題 14	1.092	−1.130	1.530	−0.926
問題 15	0.693	−1.089	0.971	−0.897
問題 16	0.339	−0.700	0.474	−0.619
問題 17	1.194	−0.769	1.673	−0.669
問題 18	0.219	−0.618	0.307	−0.561
問題 19	0.402	−0.427	0.563	−0.424
問題 20	0.955	−0.378	1.337	−0.390

$\frac{\hat{a}_{20}^{[\alpha]}}{\hat{A}} = \frac{0.955}{0.714} = 1.337$

	識別力 $\hat{a}_j^{[\alpha]}$	困難度 $\hat{b}_j^{[\alpha]}$	識別力 $\hat{a}_j^{[\alpha\to T]}$	困難度 $\hat{b}_j^{[\alpha\to T]}$
問題 21	1.087	−0.200	1.524	−0.263
問題 22	0.720	−0.086	1.009	−0.181
問題 23	1.033	0.024	1.447	−0.103
問題 24	0.921	0.168	1.291	0.000
問題 25	0.290	0.255	0.406	0.062
問題 26	0.449	0.468	0.630	0.214
問題 27	0.676	0.525	0.947	0.255
問題 28	0.507	0.685	0.710	0.369
問題 29	0.335	0.825	0.469	0.469
問題 30	0.812	0.827	1.138	0.470
問題 31	1.280	1.234	1.794	0.761
問題 32	0.449	1.504	0.630	0.954
問題 33	1.116	1.539	1.563	0.979
問題 34	1.025	1.606	1.436	1.027
問題 35	0.721	1.847	1.010	1.198
問題 36	0.620	1.765	0.868	1.140
問題 37	0.636	2.382	0.891	1.580
問題 38	0.952	2.710	1.333	1.815
問題 39	0.449	2.886	0.629	1.940
問題 40	0.626	2.640	0.877	1.765

$\hat{A}\hat{b}_{40}^{[\alpha]} + \hat{B} = 0.714 \times 2.640 + (-0.120) = 1.765$

α大学と同様に考えてください。次に記す作業を繰り返していくと、項目パラメータをT大学に等化した問題がたくさんできあがります。それらの問題からなる集合を**項目プール**とか**項目バンク**と言います。

- 「テストT」には存在しない問題群と「テストT」のうちの何問かからなる「テストβ」をβ大学のn_β人を対象に実施し、「テストβ」の項目パラメータをT大学に等化する。
- 「テストT」には存在しない問題群と「テストT」のうちの何問かからなる「テストγ」をγ大学のn_γ人を対象に実施し、「テストγ」の項目パラメータをT大学に等化する。

- 「テスト T」にも「テスト α」にも「テスト β」にも「テスト γ」にも存在しない問題群と項目パラメータが T 大学に等化された何問か（※「テスト T」の問題も含まれていてかまわない）からなる「テスト δ」を δ 大学の n_δ 人を対象に実施し、「テスト δ」の項目パラメータを T 大学に等化する。

項目プールに含まれる問題の個数が多ければ多いほど、本書冒頭の「項目反応理論ってなに？」にも記した、次のようなテストを必要に応じて作成できるようになります。

例 1

困難度の高い問題だけからなる、上級者向けのテストを作成する。あるいは、困難度の低い問題だけからなる、初級者向けのテストを作成する。

困難度が酷似している2問を75組選び、全ての問題が異なるけれども困難度は等しい、75問からなる2組のテストを作成する。

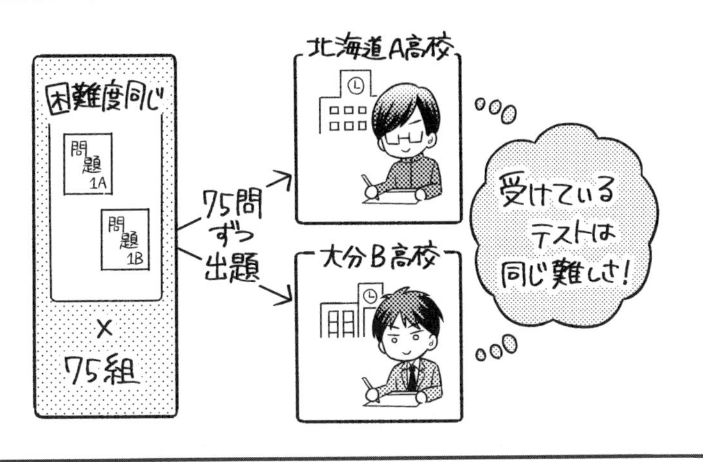

例3

コンピュータによるテストを想像してほしい。困難度が1.0の問題に柚木さんが3回連続で正答したなら、当てずっぽうでその結果を得たとは考えにくいので、柚木さんの能力が1.0以上なのは確実だと言える。それゆえ、困難度が1.0の問題をさらに提示する必要がないので、1.2の問題を提示する。3回連続で正答したなら柚木さんの能力が1.2以上なのは確実だと言えるし、そうでなければ1.0以上1.2未満だと判定するのが穏当である。なお後者の場合は、たとえば困難度を「1.15→1.1→1.05→…」と変化させるなどして柚木さんの能力を推定する。

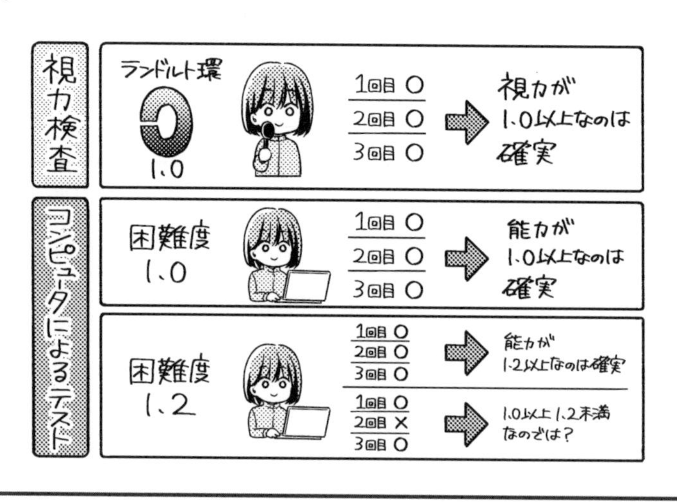

本章でこれまで説明した等化の方法は、共通する問題の項目パラメータを利用する、**共通項目法**と呼ばれるものです。共通する受験者の能力を利用する、**共通被験者法**と呼ばれるものもあります。両者の違いは次のとおりです。

共通項目法

	問題 1	…	問題 65	問題 66	…	問題 75	問題 76	…	問題 115
学生 $1T$	0	…	0	1	…	1			
⋮	⋮	⋮	⋮	⋮	⋮	⋮			
学生 $1986T$	1	…	1	1	…	0			
学生 1β				1	…	1	0	…	0
⋮				⋮	⋮	⋮	⋮	⋮	⋮
学生 1204β				0	…	1	1	…	0

共通被験者法

	問題 1	…	問題 75	問題 76	…	問題 115
学生 $1T$	0	…	1			
⋮	⋮	⋮	⋮			
学生 $1886T$	0	…	1			
学生 $1887T$	1	…	1	1	…	0
⋮	⋮	⋮	⋮	⋮	⋮	⋮
学生 $1986T$	1	…	0	1	…	1
学生 1β				0	…	1
⋮				⋮	⋮	⋮
学生 1204β				0	…	0

6.4 3パラメータモデルと1パラメータモデルの等化

2パラメータモデルの等化をこれまで説明してきました。本節で説明するのは、3パラメータモデルと1パラメータモデルの等化です。

3パラメータモデルの等化

能力の値が $\theta^{[F]}$ である受験者における問題 j の正答確率として、3パラメータモデルを仮定します。3パラメータモデルを書き替えると、

$$
\begin{aligned}
P^{[F]}(u_j=1|\theta^{[F]}) &= \frac{1}{1+\exp\{-1.7a_j^{[F]}(\theta^{[F]}-b_j^{[F]})\}} \\
&\quad + c_j^{[F]}\left(1-\frac{1}{1+\exp\{-1.7a_j^{[F]}(\theta^{[F]}-b_j^{[F]})\}}\right) \\
&= c_j^{[F]}+\frac{1-c_j^{[F]}}{1+\exp\{-1.7a_j^{[F]}(\theta^{[F]}-b_j^{[F]})\}} \\
&= c_j^{[F]}+\frac{1-c_j^{[F]}}{1+\exp\left\{-1.7\dfrac{a_j^{[F]}}{A}\left((A\theta^{[F]}+B)-(Ab_j^{[F]}+B)\right)\right\}} \\
&= c_j^{[T]}+\frac{1-c_j^{[T]}}{1+\exp\{-1.7a_j^{[T]}(\theta^{[T]}-b_j^{[T]})\}} \\
&= P^{[T]}(u_j=1|\theta^{[T]})
\end{aligned}
$$

です。つまり F と T について次の関係が成立します。

$$
\begin{cases}
a_j^{[T]}=\dfrac{a_j^{[F]}}{A} \\
b_j^{[T]}=Ab_j^{[F]}+B \\
c_j^{[T]}=c_j^{[F]} \\
\theta^{[T]}=A\theta^{[F]}+B
\end{cases}
$$

FをTに等化するとします。mean-sigma 法における等化係数は以下のとおりです。

$$\begin{cases} A = \sqrt{\dfrac{\left(b_1^{[T]} - \bar{b}^{[T]}\right)^2 + \cdots + \left(b_J^{[T]} - \bar{b}^{[T]}\right)^2}{\left(b_1^{[F]} - \bar{b}^{[F]}\right)^2 + \cdots + \left(b_J^{[F]} - \bar{b}^{[F]}\right)^2}} \\ B = \bar{b}^{[T]} - A\bar{b}^{[F]} \end{cases}$$

1パラメータモデルの等化

能力の値が$\theta^{[F]}$である受験者における問題jの正答確率として、1パラメータモデルを仮定します。1パラメータモデルを書き替えると、

$$\begin{aligned} P^{[F]}\left(u_j = 1 | \theta^{[F]}\right) &= \frac{1}{1 + \exp\left\{-1.7a^{[F]}\left(\theta^{[F]} - b_j^{[F]}\right)\right\}} \\ &= \frac{1}{1 + \exp\left\{-1.7\dfrac{a^{[F]}}{A}\left(\left(A\theta^{[F]} + B\right) - \left(Ab_j^{[F]} + B\right)\right)\right\}} \\ &= \frac{1}{1 + \exp\left\{-1.7a^{[T]}\left(\theta^{[T]} - b_j^{[T]}\right)\right\}} \\ &= P^{[T]}\left(u_j = 1 | \theta^{[T]}\right) \end{aligned}$$

です。つまりFとTについて次の関係が成立します。

$$\begin{cases} a^{[T]} = \dfrac{a^{[F]}}{A} \\ b_j^{[T]} = Ab_j^{[F]} + B \\ \theta^{[T]} = A\theta^{[F]} + B \end{cases}$$

FをTに等化するとします。mean-sigma 法における等化係数は次のとおりです。

$$\begin{cases} A = \sqrt{\dfrac{\left(b_1^{[T]} - \overline{b}^{[T]}\right)^2 + \cdots + \left(b_J^{[T]} - \overline{b}^{[T]}\right)^2}{\left(b_1^{[F]} - \overline{b}^{[F]}\right)^2 + \cdots + \left(b_J^{[F]} - \overline{b}^{[F]}\right)^2}} \\ B = \overline{b}^{[T]} - A\overline{b}^{[F]} \end{cases}$$

いま説明したものとは異なる、A の値を1にする方法をこれから示します。

能力の値が $\theta^{[F]}$ である受験者における問題 j の正答確率として、1パラメータモデルを仮定します。1パラメータモデルを書き替えると、

$$\begin{aligned} P^{[F]}\left(u_j = 1|\theta^{[F]}\right) &= \frac{1}{1+\exp\left\{-1.7a^{[F]}\left(\theta^{[F]} - b_j^{[F]}\right)\right\}} \\ &= \frac{1}{1+\exp\left\{-1.7\left(a^{[F]}\theta^{[F]} - a^{[F]}b_j^{[F]}\right)\right\}} \\ &= \frac{1}{1+\exp\left\{-1.7\times1\times\left(\theta^{[*F]} - b_j^{[*F]}\right)\right\}} \\ &= \frac{1}{1+\exp\left\{-1.7\times\dfrac{1}{1}\times\left(\left(1\times\theta^{[*F]}+B\right)-\left(1\times b_j^{[*F]}+B\right)\right)\right\}} \\ &= \frac{1}{1+\exp\left\{-1.7\times1\times\left(\theta^{[*T]} - b_j^{[*T]}\right)\right\}} \\ &= \frac{1}{1+\exp\left\{-1.7\left(a^{[T]}\theta^{[T]} - a^{[T]}b_j^{[T]}\right)\right\}} \\ &= \frac{1}{1+\exp\left\{-1.7a^{[T]}\left(\theta^{[T]} - b_j^{[T]}\right)\right\}} \\ &= P^{[T]}\left(u_j = 1|\theta^{[T]}\right) \end{aligned}$$

$\begin{cases} b_j^{[*F]} = a^{[F]}b_j^{[F]} \\ \theta^{[*F]} = a^{[F]}\theta^{[F]} \end{cases}$ とおきました。

$\begin{cases} b_j^{[*T]} = a^{[T]}b_j^{[T]} \\ \theta^{[*T]} = a^{[T]}\theta^{[T]} \end{cases}$ とおきました。

です。つまり F と T について次の関係が成立します。

$$\begin{cases} b_j^{[*T]} = b_j^{[*F]} + B \\ \theta^{[*T]} = \theta^{[*F]} + B \end{cases}$$

F を T に等化するとします。mean-sigma 法における等化係数は次のとおりです。

$$B = \overline{b}^{[*T]} - \overline{b}^{[*F]} = a^{[T]}\overline{b}^{[T]} - a^{[F]}\overline{b}^{[F]}$$

第7章

良質なテストを作成する
—項目情報曲線—

7.1 はじめに

本章で説明するのは、「そのテストは、そしてそのテストに含まれる各問題は、能力の値がどれくらいである受験者に適しているのか？」を確認する方法です。その反対と言える、能力の値に応じたテストを作成する方法も説明します。

説明にあたり、前章の「テスト T」を使います。必要に応じて前章を読み返してください。なお読みやすさを考慮して、$\theta^{[T]}$ を θ と表記し、$\hat{\theta}^{[T]}$ を $\hat{\theta}$ と表記し、$\hat{\theta}_i^{[T]}$ を $\hat{\theta}_i$ と表記し、$\hat{a}_j^{[T]}$ を $\hat{a}_j$ と表記し、$\hat{b}_j^{[T]}$ を $\hat{b}_j$ と表記することにします。

7.2 テスト情報量とテスト情報関数

テスト情報量

次の手順からなる実験を筆者はおこないました。すなわち、

① T 大学に等化した能力の値が 0.3 であることがわかっている、「テスト T」を受けた経験のない 1000 人の学生を連れてくる。

② ①の 1000 人に「テスト T」を受けさせる。

③ 各人の能力の最尤推定値である、$\hat{\theta}_1$ と $\hat{\theta}_2$ と…と $\hat{\theta}_{1000}$ の値を求める。

という実験をおこないました[†1]。実験の結果を記したものが下表です[†2]。表の 1 行目のカッコ内に記されているのは91 ページの $(\hat{a}_j, \hat{b}_j)$ です。下表に基づいて描かれた $\hat{\theta}_i$ のヒストグラムが次ページの図です。

	問題 1	…	問題 75	能力の本当の値	能力の最尤推定値
	(0.774, −3.270)		(1.342, 2.166)	θ_i	$\hat{\theta}_i$
学生 1	1	…	0	0.3	0.265
⋮	⋮	…	⋮	⋮	⋮
学生 1000	1	…	0	0.3	0.616
平均	—	…	—	0.3	$0.307 \approx 0.3$
分散	—	…	—	0	$0.039 \approx 0.0385 = \dfrac{1}{I(0.3)}$

†1 実際のところは、相当する行為をコンピュータでおこないました。

†2 もしかすると「$\theta_1 = \cdots = \theta_{1000} = 0.3$ なのに、どうして $\hat{\theta}_1 = \cdots = \hat{\theta}_{1000} = 0.3$ じゃないの？」と思った読者がいるかもしれません。「テスト T」に含まれている問題のそれではありませんけれども、48 ページの項目特性曲線を見てください。$\theta = 0.3$ における正答確率（正答割合）は、0.5 を超えてはいるものの、1 ではありません。それはつまり、能力が同一であっても、その問題に正答する人もいれば誤答する人もいることを意味します。そういった正誤の違いが最尤推定値の違いとしてあらわれているのです。

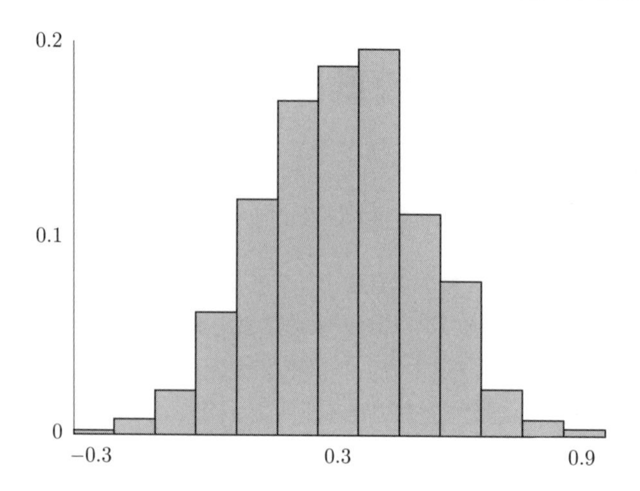

前ページの表の右下からわかるように、能力の最尤推定値である $\hat{\theta}_i$ の分散の値は、0.039です。この値を大きいと判断するか小さいと判断するかは人によって異なるでしょう。間違いなく言えるのは、$\hat{\theta}_i$ の分散の値が小さければ小さいほど、「能力の値が0.3である学生に『テスト T』を受けさせたならば、その学生の最尤推定値は0.3に近似する」と、要するに「『テスト T』は、能力の値が0.3である学生の最尤推定値の算出に適している」ということです。

ヒストグラムの輪郭が正規分布に似ています。たまたまではありません。$\hat{\theta}_i$ は、問題の個数がそれなりに多ければ、平均 μ が0.3で分散 σ^2 が $\dfrac{1}{I(0.3)}$ の正規分布にしたがうと見做せることが知られています。$I(0.3)$ とは、**テスト情報量**と呼ばれる、

$$I(\theta_i) = \sum_{j=1}^{J} (1.7a_j)^2 \left(\frac{1}{1+\exp\{-1.7a_j(\theta_i - b_j)\}}\right)\left(1 - \frac{1}{1+\exp\{-1.7a_j(\theta_i - b_j)\}}\right)$$

という式に0.3を代入したもののことです[†3]。「テスト T」における $I(0.3)$ は、

†3　$I(\theta_i)$ は**フィッシャー情報量**とも呼ばれます。数学的に複雑であるとともに易しくないので、なぜこのような形状をしているのかという説明は省略します。なおここで示した $I(\theta_i)$ は、2パラメータモデルを仮定している場合のものです。1パラメータモデルか3パラメータモデルを仮定している場合については、7.4節で説明します。

$$I(0.3)=(1.7\times 0.774)^2\left(\frac{1}{1+e^{-1.7\times 0.774(0.3-(-3.270))}}\right)\left(1-\frac{1}{1+e^{-1.7\times 0.774(0.3-(-3.270))}}\right)$$
$$+\cdots+(1.7\times 1.342)^2\left(\frac{1}{1+e^{-1.7\times 1.342(0.3-2.166)}}\right)\left(1-\frac{1}{1+e^{-1.7\times 1.342(0.3-2.166)}}\right)$$
$$=0.016+\cdots+0.072$$
$$=25.946$$

です[†4]。

テスト情報関数とテスト情報曲線

テスト情報量 $I(\theta_i)$ において、定数である θ_i を変数である θ に置き換えた $I(\theta)$ を**テスト情報関数**と言い、そのグラフを**テスト情報曲線**と言います。

下図に描かれているのは、「テスト T」におけるテスト情報曲線です。横軸が意味しているのは能力 θ です。テスト情報曲線の最大値に対応する横軸の目盛りは、おおよそ、$\theta=-0.15$ です。「テスト T」は、能力の値が約マイナス 0.15 である学生の最尤推定値の算出に適しているわけです。

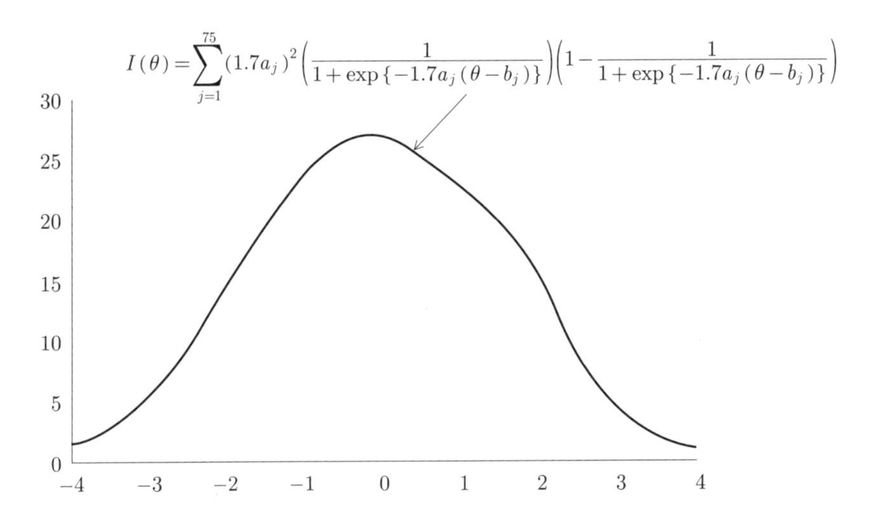

†4　紙面の大きさの都合で、ネイピア数の表記を書き替えています。

ちなみに、テストに含まれる全ての問題の項目“特性”曲線を足した、**テスト特性曲線**と呼ばれるものもあります。下図に描かれているのは、全部で75本からなる項目特性曲線を足した、「テスト T」におけるテスト特性曲線です。横軸が意味しているのは能力 θ で、縦軸が意味しているのは正答数の期待値です[†5]。

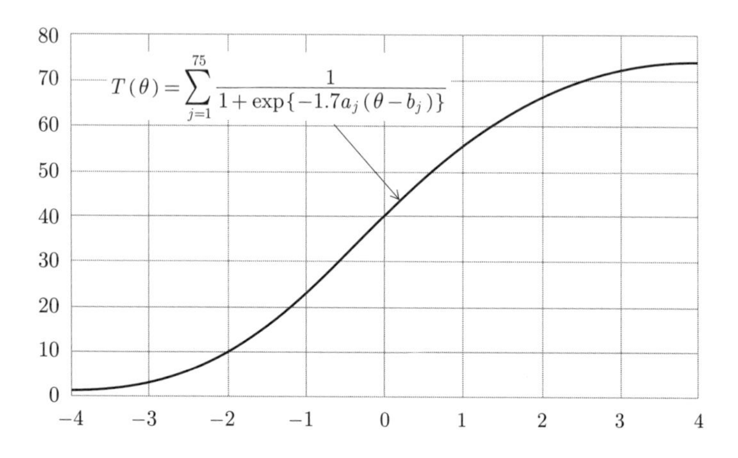

このテスト特性曲線から次のことがわかります。

- T 大学に等化した能力の値が0であることがわかっている、「テスト T」を受けた経験のない学生がいるとする。その学生に「テスト T」を受けさせたら、約40問に正答する。
- T 大学に等化した能力の値が2であることがわかっている、「テスト T」を受けた経験のない学生がいるとする。その学生に「テスト T」を受けさせたら、70問弱に正答する。つまり「テスト T」で全問に正答するのは、それなりに能力の高い学生であっても容易でない。

---

†5　**期待値**については134ページから説明しています。

7.3 項目情報量と項目情報関数

項目情報量

7.2 節で説明したように、2 パラメータモデルを仮定している場合のテスト情報量は、

$$I(\theta_i)=\sum_{j=1}^{J}(1.7a_j)^2\left(\frac{1}{1+\exp\{-1.7a_j(\theta_i-b_j)\}}\right)\left(1-\frac{1}{1+\exp\{-1.7a_j(\theta_i-b_j)\}}\right)$$

です。この式の構造に注目すると、「θ_i における問題 j の**項目情報量**」と呼ばれるとともに $I_j(\theta_i)$ と表記される、

$$I_j(\theta_i)=(1.7a_j)^2\left(\frac{1}{1+\exp\{-1.7a_j(\theta_i-b_j)\}}\right)\left(1-\frac{1}{1+\exp\{-1.7a_j(\theta_i-b_j)\}}\right)$$

を問題 1 から問題 J まで足したものであることがわかります。

「テスト T」における項目情報量の一部を下表に記しておきます。

	項目情報量 $I_j(0.3)$
問題 1	0.016
問題 2	0.026
問題 3	0.077
問題 4	0.057
問題 5	0.043

	項目情報量 $I_j(0.3)$
問題 71	0.163
問題 72	0.191
問題 73	0.144
問題 74	0.138
問題 75	0.072

$$\begin{aligned}I_{75}(0.3)&=(1.7\times1.342)^2\left(\frac{1}{1+\exp\{-1.7\times1.342(0.3-2.166)\}}\right)\\&\quad\times\left(1-\frac{1}{1+\exp\{-1.7\times1.342(0.3-2.166)\}}\right)\\&=0.072\end{aligned}$$

項目情報関数と項目情報曲線

項目情報量 $I_j(\theta_i)$ において、定数である θ_i を変数である θ に置き換えた $I_j(\theta)$ を「問題 j の**項目情報関数**」と言い、そのグラフを「問題 j の**項目情報曲線**」と言います。

下図に描かれているのは、「テスト T」において困難度の値が最も大きい、問題75の項目情報曲線です。これにかぎらず、問題 j の項目情報曲線の最大値に対応する横軸の目盛りは、$\theta = b_j$ です。

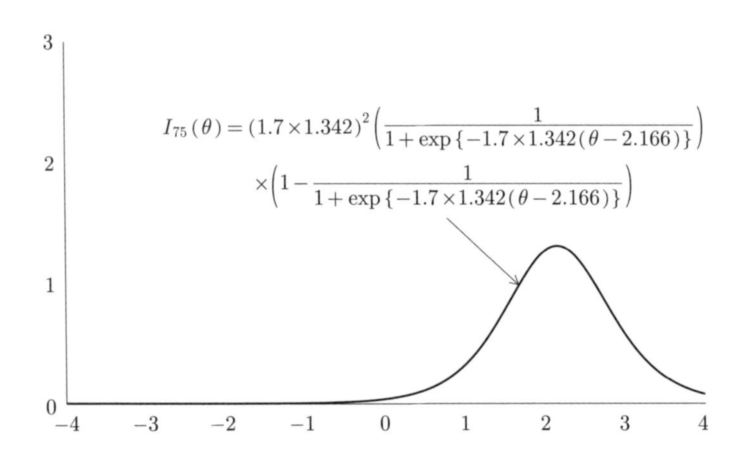

次ページの左側に描かれているのは、「テスト T」において困難度の値が最も小さな問題1の項目情報曲線と、2番目に小さな問題2の項目情報曲線です。それら2問からなる「テスト α」のテスト情報曲線である、

$$I_\alpha(\theta) = I_1(\theta) + I_2(\theta)$$

も描いてあります。右側に描かれているのは、「テスト T」において困難度の値が最も大きな問題75の項目情報曲線と、2番目に大きな問題74の項目情報曲線です。それら2問からなる「テスト β」のテスト情報曲線である、

$$I_\beta(\theta) = I_{75}(\theta) + I_{74}(\theta)$$

も描いてあります。

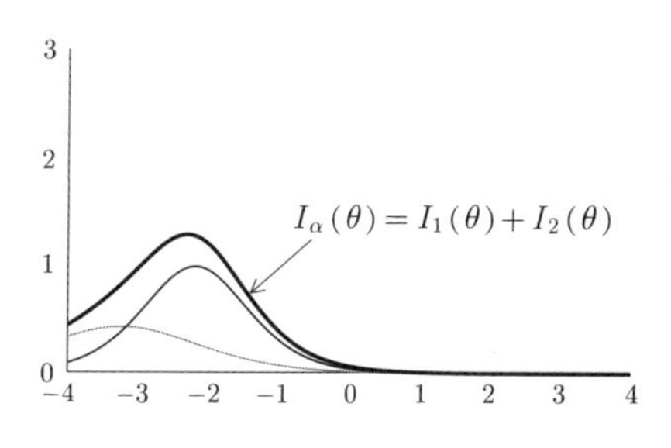

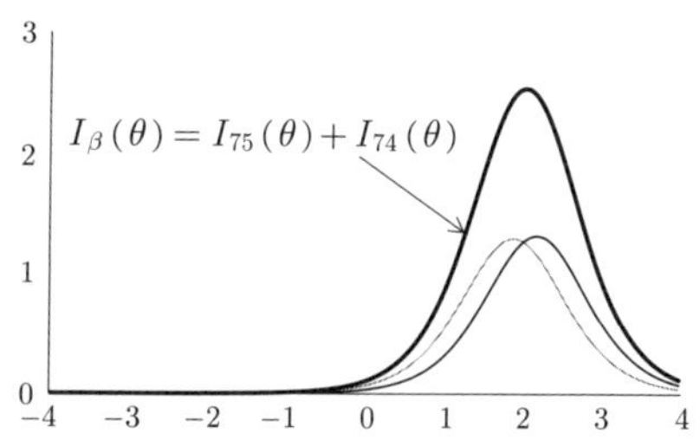

$I_\alpha(\theta)$ のグラフを見ればわかるように、$I_\alpha(\theta)$ の最大値に対応する横軸の目盛りは、$\theta = -2.5$ 付近です。したがって「テスト α」は、能力の値が約マイナス 2.5 である学生の最尤推定値の算出に適しています。同様に $I_\beta(\theta)$ のグラフを見ればわかるように、$I_\beta(\theta)$ の最大値に対応する横軸の目盛りは、$\theta = 2.0$ 付近です。したがって「テスト β」は、能力の値が約 2.0 である学生の最尤推定値の算出に適しています。早い話が、「テスト α」は能力の値が約マイナス 2.5 である学生に適していて、「テスト β」は約 2.0 である学生に適しているわけです。

$I_\alpha(\theta)$ のグラフと $I_\beta(\theta)$ のグラフを比較してすぐにわかるように、明らかに、$I_\alpha(-2.5) < I_\beta(2.0)$ です。したがって、能力の値が約マイナス 2.5 である学生に「テスト α」を受けさせて得られる最尤推定値よりも、能力の値が約 2.0 である学生に「テスト β」を受けさせて得られる最尤推定値のほうが、もともとの能力の値に近似するはずです。

先述したように、問題 j の項目情報曲線の最大値に対応する横軸の目盛りは、$\theta = b_j$ です。したがって、たとえば困難度の値が 0.9 以上 1.2 以下である問題からなるテストは、能力の値が 0.9 以上 1.2 以下である学生の最尤推定値の算出に適しています。ただし識別力の存在を無視してはなりません。次図に描かれている 2 つのテスト情報曲線を見てください。太いほうは $\begin{cases} 1.5 \leq \hat{a}_j \leq 2.0 \\ 0.9 \leq \hat{b}_j \leq 1.2 \end{cases}$ という条件を満たす 75 問からなり、細いほうは

$\begin{cases} 0.5 \leq \hat{a}_j \leq 2.0 \\ 0.9 \leq \hat{b}_j \leq 1.2 \end{cases}$ という条件を満たす 75 問からなります。識別力の値が小さ

めな問題も含む後者の形状は、前者のそれにくらべて、背が低くてずんぐりしています。

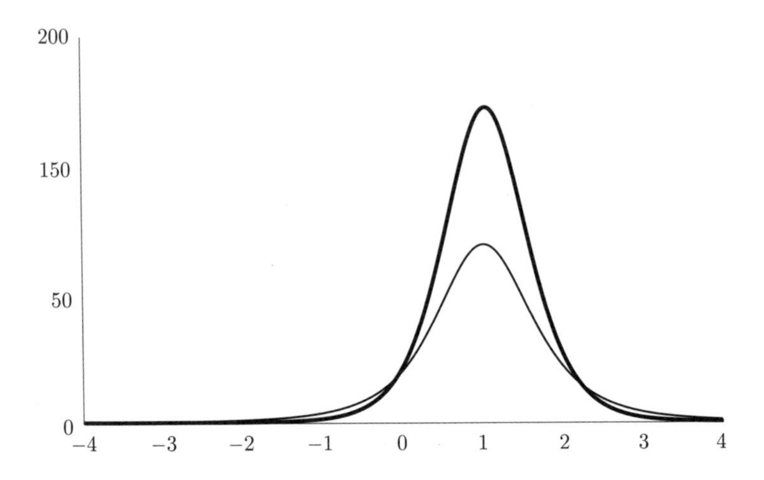

7.4 各パラメータモデルのテスト情報量と項目情報量

本節では、「テスト T」を題材とせずに、一般的な見地に立って説明します。

下表に記されているのは、各パラメータモデルの、テスト情報量である $I(\theta_i)$ です。7.2 節で説明したように、定数である θ_i を変数である θ に置き換えた $I(\theta)$ は、テスト情報関数と呼ばれます。

	テスト情報量 $I(\theta_i)$
3パラメータ	$\sum_{j=1}^{J} \dfrac{(1.7a_j)^2\left(\dfrac{1}{1+\exp\{-1.7a_j(\theta_i-b_j)\}}\right)^2\left(1-\dfrac{1}{1+\exp\{-1.7a_j(\theta_i-b_j)\}}\right)}{\dfrac{c_j}{1-c_j}+\dfrac{1}{1+\exp\{-1.7a_j(\theta_i-b_j)\}}}$
2パラメータ	$\sum_{j=1}^{J}(1.7a_j)^2\left(\dfrac{1}{1+\exp\{-1.7a_j(\theta_i-b_j)\}}\right)\left(1-\dfrac{1}{1+\exp\{-1.7a_j(\theta_i-b_j)\}}\right)$ ※ 3 パラメータモデルで $c_j=0$ とおいたものが 2 パラメータモデル。
1パラメータ	$\sum_{j=1}^{J}(1.7a)^2\left(\dfrac{1}{1+\exp\{-1.7a(\theta_i-b_j)\}}\right)\left(1-\dfrac{1}{1+\exp\{-1.7a(\theta_i-b_j)\}}\right)$ ※ 2 パラメータモデルで $a_j=a$ とおいたものが 1 パラメータモデル。

次表に記されているのは、各パラメータモデルの、「θ_i における問題 j の項目情報量」である $I_j(\theta_i)$ です。7.3 節で説明したように、定数である θ_i を変数である θ に置き換えた $I_j(\theta)$ は、項目情報関数と呼ばれます。

	項目情報量 $I_j(\theta_i)$
3パラメータ	$\dfrac{(1.7a_j)^2\left(\dfrac{1}{1+\exp\{-1.7a_j(\theta_i-b_j)\}}\right)^2\left(1-\dfrac{1}{1+\exp\{-1.7a_j(\theta_i-b_j)\}}\right)}{\dfrac{c_j}{1-c_j}+\dfrac{1}{1+\exp\{-1.7a_j(\theta_i-b_j)\}}}$
2パラメータ	$(1.7a_j)^2\left(\dfrac{1}{1+\exp\{-1.7a_j(\theta_i-b_j)\}}\right)\left(1-\dfrac{1}{1+\exp\{-1.7a_j(\theta_i-b_j)\}}\right)$ ※3パラメータモデルで $c_j=0$ とおいたものが2パラメータモデル。
1パラメータ	$(1.7a)^2\left(\dfrac{1}{1+\exp\{-1.7a(\theta_i-b_j)\}}\right)\left(1-\dfrac{1}{1+\exp\{-1.7a(\theta_i-b_j)\}}\right)$ ※2パラメータモデルで $a_j=a$ とおいたものが1パラメータモデル。

問題 j の項目情報関数のグラフである、問題 j の項目情報曲線の最大値に対応する横軸の目盛りについて説明します。1パラメータモデルの場合は、$\theta=b_j$ です。2パラメータモデルの場合も、7.3節で述べたように、$\theta=b_j$ です。3パラメータモデルの場合は、$\theta=b_j$ でなく、

$$\theta=b_j+\frac{1}{1.7a_j}\log\frac{1+\sqrt{1+8c_j}}{2}$$

です[†6]。次図に描かれている項目情報曲線で雰囲気をつかんでください。

†6　この式を導き出すのはそこまで難しくないのですけれども、本章の本題とは言い難いので、説明は省略します。それはそうと、もし $c_j=0$ であれば、

$$\begin{aligned}\theta&=b_j+\frac{1}{1.7a_j}\log\frac{1+\sqrt{1+8\times 0}}{2}\\&=b_j+\frac{1}{1.7a_j}\log\frac{2}{2}=b_j+\frac{1}{1.7a_j}\times 0=b_j\end{aligned}$$

です。とは言え3パラメータモデルを仮定するということは $c_j>0$ を前提とすることと同義です。したがって3パラメータモデルにおける問題 j の項目情報曲線の最大値に対応する横軸の目盛りは、必ず、b_j よりも大きな値をとります。

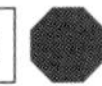

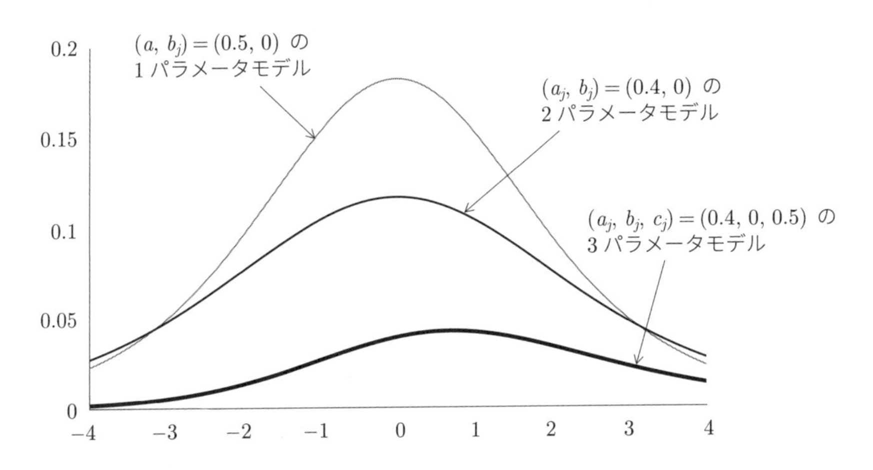
$(a,\ b_j)=(0.5,\ 0)$ の
1 パラメータモデル
$(a_j,\ b_j)=(0.4,\ 0)$ の
2 パラメータモデル
$(a_j,\ b_j,\ c_j)=(0.4,\ 0,\ 0.5)$ の
3 パラメータモデル
0.2
0.15
0.1
0.05
0
−4
−3
−2
−1
0
1
2
3
4

これで説明はおしまい！
終わったー！

…それに
自分が不合格に
なった理由も
わかった気がする

これ…
XX語学資格
必勝問題集
問題
出してみてくれる？

もちろん！
XX語学資格
必勝問題集
ありがと…
よーしっ
半年後…
もう一回
受けた時には絶対に
合格するんだからねっ！
がんばれ！
その調子！

付　録

今日は
頭つかったなー！
ふー っ！
おつかれさま～

IRT初心者の菜穂には
ハードルが高い
かもだけど…
発展的な話題も
教えようかと思って

よかったら…
もうちょっと
がんばってみない？
え——っ!?
まだ何かやるの!?

う—ん
せっかくここまで
やってきたし…

よしっ
コーヒー
飲みながら
がんばるか…！
お菓子も
あるよ♪

途中までのがんばりも評価する
—部分得点モデル—

以下に示す問題 7 を見てください。

問題 7

この 2 次方程式の 2 つの解の、最小公倍数を求めなさい。

$$x^2 - 10x + 24 = 0$$

この問題 7 は、

① 2 次方程式の 2 つの解を求める。
② 2 つの解の最小公倍数を求める。

という 2 段階からなります。したがって、受験者 i が問題 7 に k 段階まで正答することを $v_{i7} = k$ と表記すると、

- ①に正答して②にも正答する。つまり $v_{i7} = 2$ である。
- ①に正答して②に誤答する。つまり $v_{i7} = 1$ である。
- ①に誤答して②にも誤答する。つまり $v_{i7} = 0$ である。

という 3 つの可能性がありえます[†1]。

能力の値が θ である受験者における問題 7 の k 段階までの正答確率を $P(v_7 = k \mid \theta)$ と表記するとします。当然ながら、

$$P(v_7 = 2|\theta) + P(v_7 = 1|\theta) + P(v_7 = 0|\theta) = 1$$

という関係が成立します。これから述べる考え方で $P(v_7 = 2|\theta)$ と $P(v_7 = 1|\theta)$ と $P(v_7 = 0|\theta)$ の推定値を算出しようというのが**部分得点モデル**です。

†1　当てずっぽうで「①に誤答して②に正答する」という結果に至る可能性もないわけではないものの、検討の対象外とします。

1．部分得点モデル

「能力の値がθである受験者の、v_7は2か1のどちらかであると強いて仮定した際に2である確率」を$P^*(v_7=2|\theta)$と表記するとします。ならば、

$$P^*(v_7=2|\theta)=\frac{P(v_7=2|\theta)}{P(v_7=2|\theta)+P(v_7=1|\theta)}$$

です。なおかつ$P^*(v_7=2|\theta)$について、

$$P^*(v_7=2|\theta)=\frac{1}{1+\exp\{-(\theta-b_{72})\}}$$

と仮定します[†2]。つまり、

$$\frac{P(v_7=2|\theta)}{P(v_7=2|\theta)+P(v_7=1|\theta)}=\frac{1}{1+\exp\{-(\theta-b_{72})\}}$$
$$=\frac{\exp(\theta-b_{72})}{\exp(\theta-b_{72})+1}$$

分子と分母に$\exp(\theta-b_{72})$をかけました。

と仮定します。すると上式は次のように整理できます。

$$P(v_7=2|\theta)=\{P(v_7=2|\theta)+P(v_7=1|\theta)\}\times\frac{\exp(\theta-b_{72})}{\exp(\theta-b_{72})+1}$$

上式の両辺に$\{P(v_7=2|\theta)+P(v_7=1|\theta)\}$をかけました。

$$P(v_7=2|\theta)\times\left\{1-\frac{\exp(\theta-b_{72})}{\exp(\theta-b_{72})+1}\right\}=P(v_7=1|\theta)\times\frac{\exp(\theta-b_{72})}{\exp(\theta-b_{72})+1}$$

左辺を$P(v_7=2|\theta)$でまとめ、右辺を$P(v_7=1|\theta)$でまとめました。

†2　式の意味を確認しておきます。$P^*(v_7=2|\theta)$の値が1に近いほど$v_7=2$である可能性が高まり、$P^*(v_7=2|\theta)$の値が0に近いほど$v_7=1$である可能性が高まります。$\theta=b_{72}$であれば$P*(v_7=2|b_{72})=\frac{1}{2}$なのですから、$\theta>b_{72}$であれば$v_7=2$である可能性が高まります。本書でこれまで説明した困難度をb_{72}が意味しているわけではないことに気をつけてください。

$$P(v_7=2|\theta)=P(v_7=1|\theta)\exp(\theta-b_{72})$$

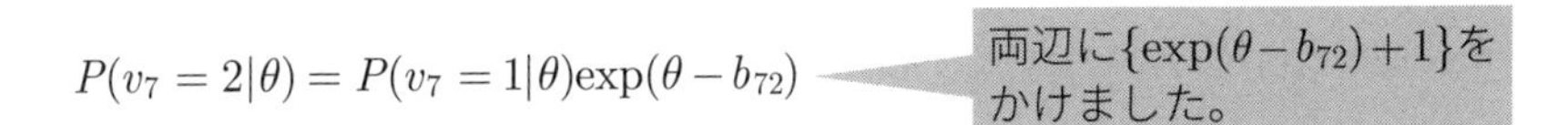

「能力の値が θ である受験者の、v_7 は1か0のどちらかであると強いて仮定した際に1である確率」を $P^*(v_7=1|\theta)$ と表記するとします。ならば、

$$P^*(v_7=1|\theta)=\frac{P(v_7=1|\theta)}{P(v_7=1|\theta)+P(v_7=0|\theta)}$$

です。なおかつ $P^*(v_7=1|\theta)$ について、

$$P^*(v_7=1|\theta)=\frac{1}{1+\exp\{-(\theta-b_{71})\}}$$

と仮定します。先述した $P(v_7=2|\theta)$ と同様に整理すると、

$$P(v_7=1|\theta)=P(v_7=0|\theta)\exp(\theta-b_{71})$$

です。

先述したように、

$$P(v_7=2|\theta)+P(v_7=1|\theta)+P(v_7=0|\theta)=1$$

という関係が成立します。上式は、ここまでの計算を踏まえると、

$$\begin{aligned}
&P(v_7=2|\theta)+P(v_7=1|\theta)+P(v_7=0|\theta)\\
&=P(v_7=0|\theta)+P(v_7=1|\theta)+P(v_7=2|\theta)\\
&=P(v_7=0|\theta)+P(v_7=1|\theta)+\ P(v_7=1|\theta)\exp(\theta-b_{72})\\
&=P(v_7=0|\theta)+P(v_7=1|\theta)\{1+\exp(\theta-b_{72})\}\\
&=P(v_7=0|\theta)+P(v_7=0|\theta)\exp(\theta-b_{71})\{1+\exp(\theta-b_{72})\}\\
&=P(v_7=0|\theta)\ [1+\exp(\theta-b_{71})\{1+\exp(\theta-b_{72})\}]\\
&=P(v_7=0|\theta)\ [1+\exp(\theta-b_{71})+\exp\{(\theta-b_{71})+(\theta-b_{72})\}]\\
&=1
\end{aligned}$$

と整理できます。したがって $P(v_7=k|\theta)$ は次のとおりです。

- $P(v_7=0|\theta)=\dfrac{1}{1+\exp(\theta-b_{71})+\exp\{(\theta-b_{71})+(\theta-b_{72})\}}$

- $$\begin{aligned}P(v_7=1|\theta)&=P(v_7=0|\theta)\exp(\theta-b_{71})\\&=\frac{\exp(\theta-b_{71})}{1+\exp(\theta-b_{71})+\exp\{(\theta-b_{71})+(\theta-b_{72})\}}\end{aligned}$$

- $$\begin{aligned}P(v_7=2|\theta)&=P(v_7=1|\theta)\exp(\theta-b_{72})\\&=\frac{\exp\{(\theta-b_{71})+(\theta-b_{72})\}}{1+\exp(\theta-b_{71})+\exp\{(\theta-b_{71})+(\theta-b_{72})\}}\end{aligned}$$

なお $\hat{b}_{71}$ と $\hat{b}_{72}$ と各受験者の能力の推定値の算出は、本書の第 2 部と同様になされます。

2．カテゴリー確率曲線

下図に描かれているのは、$P(v_7=k|\theta)$ を意味する、つまり「能力の値が θ である受験者の、$v_7=k$ である確率」を意味する、**カテゴリー確率曲線**と呼ばれるものです。描画に際して、

$$(\hat{b}_{71},\hat{b}_{72})=(-1,2)$$

と仮定しています。

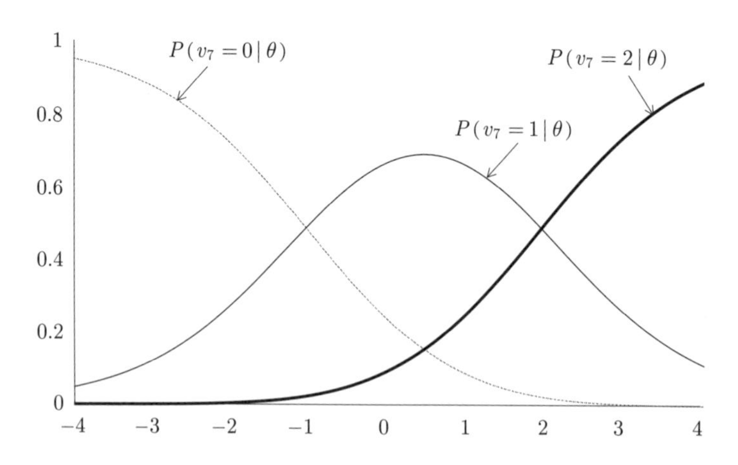

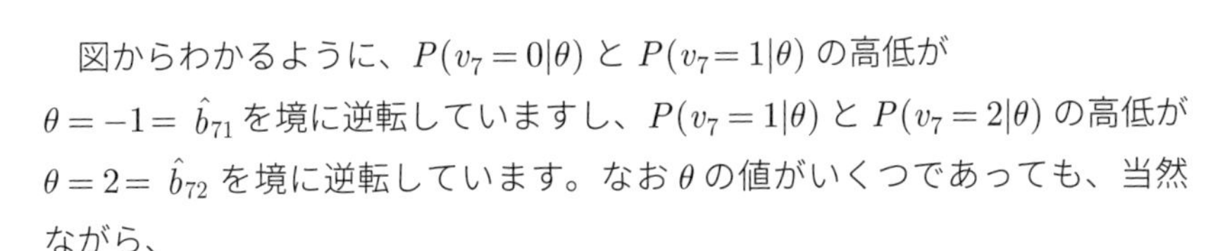

図からわかるように、$P(v_7=0|\theta)$ と $P(v_7=1|\theta)$ の高低が $\theta=-1=\hat{b}_{71}$ を境に逆転していますし、$P(v_7=1|\theta)$ と $P(v_7=2|\theta)$ の高低が $\theta=2=\hat{b}_{72}$ を境に逆転しています。なお θ の値がいくつであっても、当然ながら、

$$P(v_7=2|\theta)+P(v_7=1|\theta)+P(v_7=0|\theta)=1$$

が成立します。たとえば、

$$\begin{aligned}&P(v_7=2|0)+P(v_7=1|0)+P(v_7=0|0)\\&=0.245+0.665+0.090=1\end{aligned}$$

です。

ちなみに $P^*(v_7=k|\theta)$ について、

$$P^*(v_7=k|\theta)=\frac{1}{1+\exp\{-(\theta-b_{7k})\}}$$

と仮定するのでなく、

$$P^*(v_7=k|\theta)=\frac{1}{1+\exp\{-a_7(\theta-b_{7k})\}}$$

と仮定した場合の部分得点モデルを、**一般化部分得点モデル**と言います。

最尤推定法とは異なる方法を知る
―MAP 推定法と EAP 推定法とマルコフ連鎖モンテカルロ法―

付録 2 で説明するのは、各受験者の能力の推定値を算出するための、第 4 章で説明した最尤推定法とは異なる 3 つの方法です。

4 つの節からなります。本題は第 3 節です。

1．確率分布と確率密度関数

1.1　確率分布と確率密度関数

第 2 章で確率密度関数を説明しました。正直に言って、わかりやすさを優先したため、厳密性に乏しいものです。もっとしっかりした説明をこれからします。

以下に示す 2 つの表のような、$\Theta=\theta_i$ と $P(\Theta=\theta_i)$ の組を「Θ の**確率分布**」と言います。Θ を**確率変数**と言います。

サイコロを投げた際に出る面 Θ	1	2	3	4	5	6
$P(\Theta)$	$\frac{1}{6}$	$\frac{1}{6}$	$\frac{1}{6}$	$\frac{1}{6}$	$\frac{1}{6}$	$\frac{1}{6}$

10 円玉を 2 枚投げた際に表の出る枚数 Θ	0	1	2
$P(\Theta)$	$\frac{1}{4}$	$\frac{2}{4}$	$\frac{1}{4}$

Θ の種類は、いま示した 2 つの例のような「離散型」と、身長や体重や 100 m 走の記録などのような「連続型」に大別されます。連続型の場合は Θ の取りうる値が文字どおり連続的なので、離散型の場合とは異なり、確率分布を表で表現できません。ではどうするかと言えば、次の 3 つの条件を満たす、「Θ の**確率密度関数**」と呼ばれる $\pi(\theta)$ で確率分布を表現します。

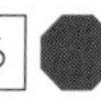

条件 1

$\pi(\theta)$ のグラフが位置する場所は、横軸と同じかそれより上である。数学的に表現すると以下のとおりである。

$$\pi(\theta) \geq 0$$

条件 2

$\pi(\theta)$ のグラフと横軸とで挟まれた部分の面積は 1 である。数学的に表現すると以下のとおりである。

$$\int_{-\infty}^{\infty} \pi(\theta)\, d\theta = 1$$

条件 3

Θ が a 以上 b 以下である確率は、a から b までの $\pi(\theta)$ の定積分に等しい。数学的に表現すると以下のとおりである。

$$P(a \leq \Theta \leq b) = \int_{a}^{b} \pi(\theta)\, d\theta$$

1.2　面積＝割合＝確率

いま述べたように、Θ の確率密度関数である $\pi(\theta)$ のグラフと横軸とで挟まれた部分の面積は 1 です。しかも $\pi(\theta)$ のグラフと横軸とで挟まれた面積は、割合および確率と同一視できます。以下の例で理解してください。

例

ある国語のテストを佐賀県の中学 2 年生“全員”が受けました。その結果が、平均 μ が 45 で標準偏差 σ が 10 である正規分布にしたがうとします。

よく考えてください。これから示す 3 つの文章は同義です。

① 平均 μ が 45 で標準偏差 σ が 10 の正規分布において、次図の ▒▒ 部分の面積は 0.5 である。

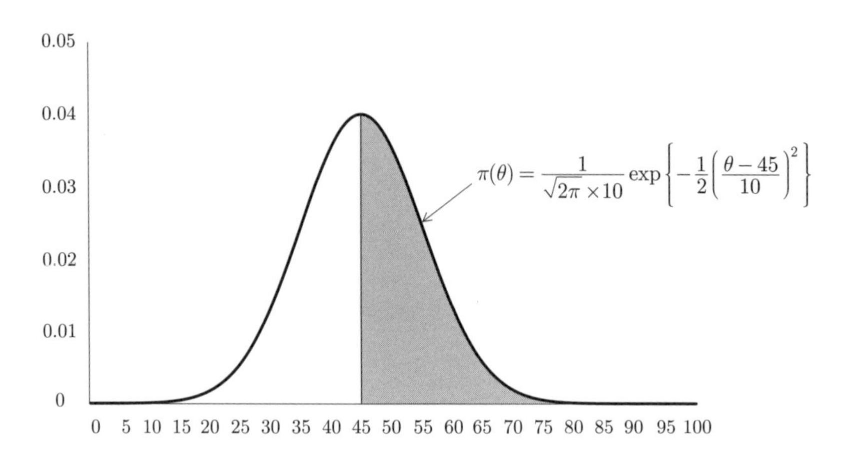

② 得点が 45 点以上であった生徒の割合は、佐賀県の中学 2 年生“全員”の 0.5（= 50%）を占める。

③ 佐賀県の中学 2 年生“全員”から無作為に 1 人を抽出したならば、その生徒の得点が 45 点以上であった確率は 0.5（= 50%）である。

1.3 期待値と分散と標準偏差

下表の確率分布に基づいて説明します。表中の $E(\Theta)$ の意味はすぐ後で説明します。

10 円玉を 2 枚投げた際に表の出る枚数 Θ	0	1	2
$(\Theta-E(\Theta))^2$	$(0-1)^2$	$(1-1)^2$	$(2-1)^2$
$P(\Theta)$	$\frac{1}{4}$	$\frac{2}{4}$	$\frac{1}{4}$

次に記すものを「Θ の**期待値**」とか「Θ の**平均**」と言います。$E(\Theta)$ と表記するのが一般的です。

$$\begin{aligned}E(\Theta) &= 0\times P(\Theta=0)+1\times P(\Theta=1)+2\times P(\Theta=2)\\&=0\times\frac{1}{4}+1\times\frac{2}{4}+2\times\frac{1}{4}\\&=\frac{0\times1+1\times2+2\times1}{4}\\&=\frac{4}{4}\\&=1\end{aligned}$$

以下に記すものを「Θの**分散**」と言います。$V(\Theta)$ と表記するのが一般的です。

$$\begin{aligned}V(\Theta) &= E\left((\Theta-E(\Theta))^2\right)\\&=(0-1)^2\times P(\Theta=0)+(1-1)^2\times P(\Theta=1)+(2-1)^2\times P(\Theta=2)\\&=(0-1)^2\times\frac{1}{4}+(1-1)^2\times\frac{2}{4}+(2-1)^2\times\frac{1}{4}\\&=\frac{(0-1)^2\times1+(1-1)^2\times1+(2-1)^2\times1}{4}\\&=\frac{2}{4}\\&=0.5\end{aligned}$$

以下に記すものを「Θの**標準偏差**」と言います。$D(\Theta)$ などと表記されます。

$$D(\Theta)=\sqrt{V(\Theta)}=\sqrt{0.5}$$

第2章で説明済みである分散などに再び言及していて、にもかかわらず計算の雰囲気が異なっていて、首を傾げた読者は少なくないでしょう。次表を見てください。10円玉を2枚投げた際に表の出る何枚を筆者が調べた結果です[†3]。本節で説明した分散と第2章で説明した分散は同じものであることがわかります。

†3　実際のところは、相当する行為をコンピュータでおこないました。

	10円玉 α	10円玉 β	10円玉 α と10円玉 β を投げた際に表の出た枚数
1回目 ⋮ 4000回目	表 ⋮ 裏	表 ⋮ 表	2 ⋮ 1
合計	—	—	$2+\cdots+1$ $=0\times998+1\times1998+2\times1004$ $=4006$
平均	—	—	$\frac{4006}{4000}=1.0015\approx1=E(\Theta)$
分散	—	—	$\frac{(2-1.0015)^2+\cdots+(1-1.0015)^2}{4000}$ $=0.5005\approx0.5=V(\Theta)$

なお確率変数 Θ が連続型であるとともに Θ の確率密度関数が $\pi(\theta)$ である場合の期待値と分散は以下のとおりです。

$$\begin{cases} E(\Theta)=\int_{-\infty}^{\infty}\theta\pi(\theta)\,d\theta \\ V(\Theta)=\int_{-\infty}^{\infty}(\theta-E(\Theta))^2\pi(\theta)\,d\theta \end{cases}$$

2．ベイズの定理

2.1　条件付き確率

あるイベントが開催されました。全参加者である100人の、性別と年齢の詳細は次図のとおりです。

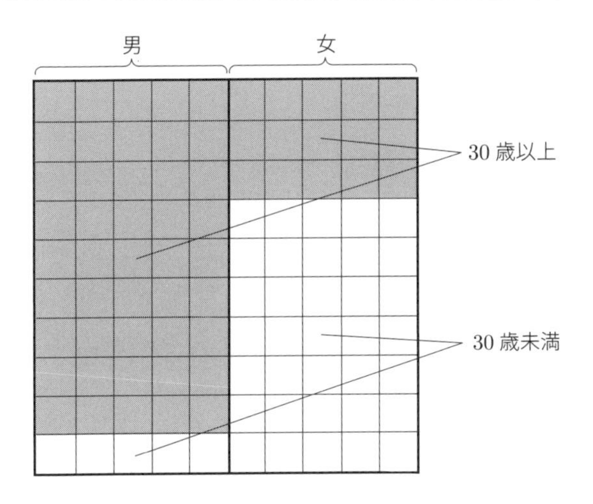

上図からわかるように、

$$\begin{cases} P(X=\text{男})=\dfrac{50}{100} \\ P(X=\text{女})=\dfrac{50}{100} \end{cases}$$

$$\begin{cases} P(U\geq 30)=\dfrac{60}{100} \\ P(U<30)=\dfrac{40}{100} \end{cases}$$

です。さて、たとえば $P(X=\text{男})$ は、

$$\begin{aligned} P(X=\text{男}) &= \frac{50}{100} \\ &= \frac{45}{100}+\frac{5}{100} \\ &= \frac{45}{60}\times\frac{60}{100}+\frac{5}{40}\times\frac{40}{100} \\ &= \frac{45}{60}\times P(U\geq 30)+\frac{5}{40}\times P(U<30) \end{aligned}$$

と書き替えられます。いまの式の最下行における $\frac{45}{60}$ は $P(X=$ 男$|U\geq 30)$ と表記され、

「$U\geq 30$」が与えられた場合における「$X=$ 男」の**条件付き確率**

と呼ばれます。同様に $\frac{5}{40}$ は $P(X=$ 男$|U<30)$ と表記され、

「$U<30$」が与えられた場合における「$X=$ 男」の条件付き確率

と呼ばれます。縦棒である「|」という記号の右側が条件を意味します。話をまとめると、$P(X=$ 男$)$ は以下のように書き替えられます。

$$
\begin{aligned}
&P(X=\text{男})\\
&=P(X=\text{男}|U\geq 30)P(U\geq 30)+P(X=\text{男}|U<30)P(U<30)
\end{aligned}
$$

2.2　同時確率

たとえば $P(X=$ 男$|U\geq 30)P(U\geq 30)$ は、

$$
P(X=\text{男}|U\geq 30)P(U\geq 30)=\frac{45}{60}\times\frac{60}{100}=\frac{45}{100}
$$

です。要するに $P(X=$ 男$|U\geq 30)P(U\geq 30)$ は、

「$X=$ 男」であるとともに「$U\geq 30$」でもある確率

です。これは**同時確率**と呼ばれ、

$$
P(X=\text{男},\ U\geq 30)
$$

と表記されます。

同時確率について次の関係が成立することに留意しておいてください。

$$
\begin{aligned}
P(X=\text{男},U \geq 30) &= P(X=\text{男}|U \geq 30)P(U \geq 30) \\
&= \frac{45}{60} \times \frac{60}{100} \\
&= \frac{45}{100} \\
&= \frac{45}{50} \times \frac{50}{100} \\
&= P(U \geq 30|X=\text{男})P(X=\text{男}) \\
&= P(U \geq 30, X=\text{男})
\end{aligned}
$$

2.3　ベイズの定理

いま示したように、

$$P(X=\text{男}|U \geq 30)P(U \geq 30) = P(U \geq 30|X=\text{男})P(X=\text{男})$$

という関係が成立します。この式を書き替えると、

$$
\begin{aligned}
&P(X=\text{男}|U \geq 30) \\
&= \frac{P(U \geq 30|X=\text{男})P(X=\text{男})}{P(U \geq 30)} \\
&= \frac{P(U \geq 30|X=\text{男})P(X=\text{男})}{P(U \geq 30, X=\text{男}) + P(U \geq 30, X=\text{女})} \\
&= \frac{P(U \geq 30|X=\text{男})P(X=\text{男})}{P(U \geq 30|X=\text{男})P(X=\text{男}) + P(U \geq 30|X=\text{女})P(X=\text{女})}
\end{aligned}
$$

です。この式を**ベイズの定理**とか**ベイズの公式**と言います。

確率変数が連続型である場合のベイズの定理は、各項の名称もあわせて記すと、次のとおりです。

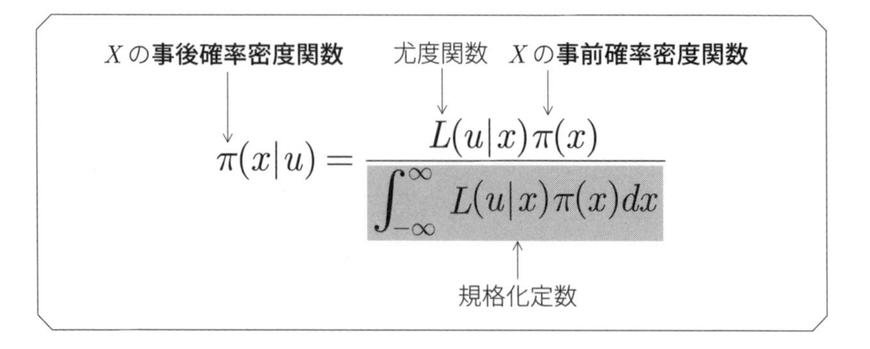

「Xの事前確率密度関数」と「Xの事後確率密度関数」に対応する確率分布は、それぞれ、「Xの**事前分布**」と「Xの**事後分布**」と呼ばれます。

次節で、

$$\pi(x|\boldsymbol{u}_1) = \frac{L(\boldsymbol{u}_1|x)\pi(x)}{\int_{-\infty}^{\infty} L(\boldsymbol{u}_1|x)\pi(x)dx}$$

というベイズの定理を扱います。式の右辺の分子における尤度関数 $L(\boldsymbol{u}_1|x)$ は、見た目が異なりますけれども、71 ページにおける $L(\boldsymbol{u}_1|\theta_1)$ と同じものです。なおこのベイズの定理は、「Xの確率密度関数が、$\boldsymbol{u}_1$ の情報が含まれている尤度関数 $L(\boldsymbol{u}_1|x)$ をかけた結果、$\pi(x)$ から $\pi(x|\boldsymbol{u}_1)$ に変身した」と解釈します。

3．MAP 推定法と EAP 推定法とマルコフ連鎖モンテカルロ法

下表に記されているのは、4 つの問題からなる、あるテストの結果です。1 は正答を意味していて 0 は誤答を意味しています。

	問題 1	問題 2	問題 3	問題 4
受験者 1	1	1	1	0
受験者 2	0	0	1	1
受験者 3	1	0	1	0
⋮	⋮	⋮	⋮	⋮
受験者 N	0	1	1	0

能力の値が θ_i である受験者 i における問題 j の正答確率を $P(u_{ij}=1|\theta_i)$ と表記するとともに、2 パラメータモデルを仮定します。つまり、

$$P(u_{ij}=1|\theta_i)=\frac{1}{1+\exp\{-1.7a_j(\theta_i-b_j)\}}$$

と仮定します。同様に、能力の値が θ_i である受験者 i における問題 j の誤答確率を $P(u_{ij}=0\,|\,\theta_i)$ と表記します。なおかつ項目パラメータの推定値がすでに算出されていて、下表のとおりであるとします。

	問題 1 つまり $j=1$	問題 2 つまり $j=2$	問題 3 つまり $j=3$	問題 4 つまり $j=4$
$(\hat{a}_j, \hat{b}_j)$	(0.9, −1.5)	(0.4, −0.6)	(1.3, 0.1)	(0.8, 1.2)

受験者 1 の能力である θ_1 の値を、

- MAP 推定法
- EAP 推定法
- マルコフ連鎖モンテカルロ法

という 3 つの方法でこれから推定します。いえ、推定値は算出せず、算出に至るまでの流れを説明します。なお説明に使われる $\boldsymbol{u}_1$ という太字の記号の意味は、受験者 1 の解答データです。つまり、

$$\boldsymbol{u}_1=(u_{11}=1, u_{12}=1, u_{13}=1, u_{14}=0)$$

です。

3.1　MAP 推定法

θ_1 の値を知りたいものの現時点ではわからないので、ひとまず、θ_1 は確率と連動する存在であると仮定します。つまり、θ_1 の値が a 以上 b 以下である確率を、

$$\begin{aligned} P(a \leq \theta_1 \leq b) &= \int_a^b \pi(x)\,dx \\ &= P(a \leq X \leq b) \end{aligned}$$

と仮定します。なおかつ、説明の便宜上、

$$\pi(x) = \frac{1}{\sqrt{2\pi}} \exp\left(-\frac{x^2}{2}\right)$$

とここでは仮定します[†4]。当然ながら、$\pi(x)$ を対数に変換すると、

$$\begin{aligned} \log \pi(x) &= \log\left\{\frac{1}{\sqrt{2\pi}} \exp\left(-\frac{x^2}{2}\right)\right\} \\ &= \log \frac{1}{\sqrt{2\pi}} + \log\left\{\exp\left(-\frac{x^2}{2}\right)\right\} \\ &= \log \frac{1}{\sqrt{2\pi}} - \frac{x^2}{2} \end{aligned}$$

です。

ベイズの定理より、

$$\pi(x|\,\boldsymbol{u}_1) = \frac{L(\boldsymbol{u}_1|x)\pi(x)}{\int_{-\infty}^{\infty} L(\boldsymbol{u}_1|x)\pi(x)dx}$$

という関係が成立します。対数に変換すると、

†4　念のために確認しておくと、標準正規分布の確率密度関数です。

$$\log \pi(x|\boldsymbol{u}_1) = \log \frac{L(\boldsymbol{u}_1|x)\pi(x)}{\int_{-\infty}^{\infty} L(\boldsymbol{u}_1|x)\pi(x)dx}$$

$$= \log L(\boldsymbol{u}_1|x) + \log \pi(x) - \log \int_{-\infty}^{\infty} L(\boldsymbol{u}_1|x)\pi(x)\,dx$$

$$= \log L(\boldsymbol{u}_1|x) + \log \pi(x) + \left\{x\text{と無関係な項}\right\}$$

$$= \log L(\boldsymbol{u}_1|x) + \log \frac{1}{\sqrt{2\pi}} - \frac{x^2}{2} + \left\{x\text{と無関係な項}\right\}$$

$$= \log L(\boldsymbol{u}_1|x) - \frac{x^2}{2} + \left\{x\text{と無関係な項}\right\}$$

前段落の$\log \pi(x)$を代入しました。

です。xと無関係である第3項の存在を無視すると、

$$\begin{aligned}&\log \pi(x|\boldsymbol{u}_1)\\ &= \log L(\boldsymbol{u}_1|x) - \frac{x^2}{2}\\ &= \log \frac{1}{1+e^{-1.7\times0.9(x-(-1.5))}} + \cdots + \log\left(1 - \frac{1}{1+e^{-1.7\times0.8(x-1.2)}}\right) - \frac{x^2}{2}\end{aligned}$$

です。これの最大値に対応するxの値を「θ_1の**MAP推定値**」と言います。なお「Maximum A Posteriori」の略語がMAPです。

3.2　EAP推定法

θ_1の値を知りたいものの現時点ではわからないので、ひとまず、θ_1は確率と連動する存在であると仮定します。つまり、θ_1の値がa以上b以下である確率を、

$$\begin{aligned}P(a \le \theta_1 \le b) &= \int_a^b \pi(x)\,dx\\ &= P(a \le X \le b)\end{aligned}$$

と仮定します。なおかつ、説明の便宜上、

$$\pi(x) = \frac{1}{\sqrt{2\pi}} \exp\left(-\frac{x^2}{2}\right)$$

とここでは仮定します。

ベイズの定理より、

$$\pi(x|\boldsymbol{u}_1) = \frac{L(\boldsymbol{u}_1|x)\pi(x)}{\int_{-\infty}^{\infty} L(\boldsymbol{u}_1|x)\pi(x)dx}$$

という関係が成立します。したがって X の事後分布における X の期待値は、確率変数が連続型である場合のそれを説明した 136 ページを踏まえると、

$$\begin{aligned}
E(X|\boldsymbol{u}_1) &= \int_{-\infty}^{\infty} \{x \times \pi(x|\boldsymbol{u}_1)\}\, dx \\
&= \int_{-\infty}^{\infty} \left\{ x \times \frac{L(\boldsymbol{u}_1|x)\pi(x)}{\int_{-\infty}^{\infty} L(\boldsymbol{u}_1|x)\pi(x)\, dx} \right\} dx \\
&= \frac{1}{\int_{-\infty}^{\infty} L(\boldsymbol{u}_1|x)\pi(x)dx} \times \int_{-\infty}^{\infty} \{x \times L(\boldsymbol{u}_1|x)\pi(x)\}\, dx \\
&= \frac{\int_{-\infty}^{\infty} \{x \times L(\boldsymbol{u}_1|x)\pi(x)\}dx}{\int_{-\infty}^{\infty} L(\boldsymbol{u}_1|x)\pi(x)dx}
\end{aligned}$$

です。この値を「θ_1 の **EAP 推定値**」と言います。後述する計算に関係するので、$E(X|\boldsymbol{u}_1)$ における分子と分母の違いは x をかけているかどうかだけであることに留意しておいてください。なお「Expected A Posteriori」の略語が EAP です。

仮に、

$$\Delta = \frac{4-(-4)}{40} = \frac{8}{40} = 0.2$$

とします。θ_1 の EAP 推定値である $\hat{\theta}_1$ は、

$$\begin{aligned}
\hat{\theta}_1 &= E(X|\boldsymbol{u}_1) \\
&= \frac{\int_{-\infty}^{\infty} \{x \times L(\boldsymbol{u}_1|x)\pi(x)\}dx}{\int_{-\infty}^{\infty} L(\boldsymbol{u}_1|x)\pi(x)dx} \\
&\approx \frac{\int_{-4}^{4} \{x \times L(\boldsymbol{u}_1|x)\pi(x)\}dx}{\int_{-4}^{4} L(\boldsymbol{u}_1|x)\pi(x)dx} \\
&\approx \frac{\sum_{h=1}^{40}\{(-4+(h-1)\Delta)\times L(\boldsymbol{u}_1|-4+(h-1)\Delta)\times\pi(-4+(h-1)\Delta)\times\Delta\}}{\sum_{h=1}^{40}\{L(\boldsymbol{u}_1|-4+(h-1)\Delta)\times\pi(-4+(h-1)\Delta)\times\Delta\}} \\
&= \frac{\sum_{h=1}^{40}\{(-4+(h-1)\Delta)\times L(\boldsymbol{u}_1|-4+(h-1)\Delta)\times\pi(-4+(h-1)\Delta)\}}{\sum_{h=1}^{40}\{L(\boldsymbol{u}_1|-4+(h-1)\Delta)\times\pi(-4+(h-1)\Delta)\}}
\end{aligned}$$

です。記号だらけでわかりづらいので、例として、分母の第40項を以下に記しておきます。

$$\begin{aligned}
&L(\boldsymbol{u}_1|-4+(40-1)\times 0.2)\times\pi(-4+(40-1)\times 0.2) \\
&= L(\boldsymbol{u}_1|3.8)\times\frac{1}{\sqrt{2\pi}}\exp\left(-\frac{3.8^2}{2}\right) \\
&= \frac{1}{1+e^{-1.7\times 0.9(3.8-(-1.5))}}\times\cdots\times\left(1-\frac{1}{1+e^{-1.7\times 0.8(3.8-1.2)}}\right)\times\frac{1}{\sqrt{2\pi}}e^{-\frac{3.8^2}{2}}
\end{aligned}$$

3.3　マルコフ連鎖モンテカルロ法

本節の例では、項目パラメータの推定値が前もって算出されていました（※141ページ）。その仮定を忘れてください。つまり項目パラメータの推定値はまだ算出されていないものとしてください。

マルコフ連鎖モンテカルロ法とは、本書に限定して大胆に定義すると、能力の推定値と項目パラメータの推定値を同時に算出する方法のことです[†5]。ちなみに算出する過程でベイズの定理が使われます。

マルコフ連鎖モンテカルロ法では、たとえば受験者 1 の能力である θ_1 を推定するに際して、

$$^{(0)}\theta_1, {}^{(1)}\theta_1, {}^{(2)}\theta_1, \cdots, {}^{(T)}\theta_1, {}^{(T+1)}\theta_1, {}^{(T+2)}\theta_1, \cdots, {}^{(T+\tau)}\theta_1$$

という数字の連なりが生成されます[†6]。${}^{(0)}\theta_1$ の値を踏まえて ${}^{(1)}\theta_1$ の値が生成され、${}^{(1)}\theta_1$ の値を踏まえて ${}^{(2)}\theta_1$ の値が生成されます。つまり ${}^{(t)}\theta_1$ の値を踏まえて ${}^{(t+1)}\theta_1$ の値が生成されるわけです。

T の値がそれなりに大きいと[†7]、${}^{(T+1)}\theta_1$ の値も ${}^{(T+2)}\theta_1$ の値も…の値も ${}^{(T+\tau)}\theta_1$ の値もほぼ等しくなることが知られています[†8]。マルコフ連鎖モンテカルロ法では、θ_1 の推定値である $\hat{\theta}_1$ を、たとえば、

$$\hat{\theta}_1 = \frac{{}^{(T+1)}\theta_1 + {}^{(T+2)}\theta_1 + \cdots + {}^{(T+\tau)}\theta_1}{\tau}$$

と定義します[†9]。なおこの推定値は、先述したものと同名なので紛らわしいのですけれども、**EAP 推定値**と呼ばれます[†10]。

マルコフ連鎖モンテカルロ法では、受験者 i の能力である θ_i についての数字の連なりだけでなく、項目パラメータについてのものも生成されます。話をまとめると、大まかに言って、マルコフ連鎖モンテカルロ法の流れは次のとおりです。

---

†5　しっかりした定義を記します。マルコフ連鎖モンテカルロ法とは、ある事後分布の乱数をマルコフ連鎖を利用して生成し、期待値などの近似値をモンテカルロ積分で算出する方法の総称です。詳しくは、たとえば、拙著『マンガでわかるベイズ統計学』（オーム社）を参考にしてください。

†6　初期値である ${}^{(0)}\theta_1$ の値は分析者が定めます。

†7　「T の値が“それなりに”大きいとは具体的にどれくらいか？」という問いに答えるのは簡単ではありません。一般論を述べると、数百とか数千といった規模です。

†8　実は、「ほぼ等しくなることが知られています」という、この説明は誤りです。ほぼ等しくなるように仕向ける方法がマルコフ連鎖モンテカルロ法なのです。

†9　τ の値に特段の決まりはありません。一般論を述べると、数百とか数千といった規模です。

†10　マルコフ連鎖モンテカルロ法による推定値には、EAP 推定値の他に、**MAP 推定値**と**事後中央値**もあります。

① $^{(0)}\theta_1$ の値と…と $^{(0)}\theta_N$ の値と、$^{(0)}a_1$ の値と…と $^{(0)}a_4$ の値と、$^{(0)}b_1$ の値と…と $^{(0)}b_4$ の値を定める。

② ①の値を踏まえて、$^{(1)}\theta_1$ の値と…と $^{(1)}\theta_N$ の値を生成し、$^{(1)}a_1$ の値と…と $^{(1)}a_4$ の値を生成し、$^{(1)}b_1$ の値と…と $^{(1)}b_4$ の値を生成する。

③ ②の行為を $(T+\tau)$ 回繰り返す。

④ 推定値を、たとえば、以下のように定義する。

$$
\begin{cases}
\hat{\theta}_i = \dfrac{^{(T+1)}\theta_i + {}^{(T+2)}\theta_i + \cdots + {}^{(T+\tau)}\theta_i}{\tau} \\
\hat{a}_j = \dfrac{^{(T+1)}\hat{a}_j + {}^{(T+2)}\hat{a}_j + \cdots + {}^{(T+\tau)}\hat{a}_j}{\tau} \\
\hat{b}_j = \dfrac{^{(T+1)}\hat{b}_j + {}^{(T+2)}\hat{b}_j + \cdots + {}^{(T+\tau)}\hat{b}_j}{\tau}
\end{cases}
$$

マルコフ連鎖モンテカルロ法による推定値の具体的な算出方法は説明しません。なぜなら、そもそもマルコフ連鎖モンテカルロ法をきちんと理解するのが容易ではありませんし、理屈の説明を省いて算出方法の手順だけを説明しようにも長くて複雑であるからです。

4．EM アルゴリズムに基づく周辺最尤推定法における $\hat{N}_m$ の意味

これから説明する事柄は、この付録2の本題である、各受験者の能力の推定値を算出する方法とは全く関係がありません。にもかかわらずなぜ無関係な事柄を取り上げるかと言うと、せっかくベイズの定理を学んだのであるから、そして知っていて損のない知識であるからです。

それでは始めます。

EM アルゴリズムに基づく周辺最尤推定法で項目パラメータの値を推定するにあたり、81 ページで述べたように、$\hat{N}_m$ の値の算出が必要でした。$\hat{N}_m$ の意味と言うか、そもそも $\hat{N}_m$ は何者なのかを説明します。

受験者 i の能力である θ_i の値が現時点ではわからないものとします。それゆえ、ひとまず、θ_i は確率と連動する存在であると仮定します。つまり、θ_i の値が a 以上 b 以下である確率を、

$$P(a \leq \theta_i \leq b) = \int_a^b \pi_i(x)\,dx$$
$$= P(a \leq X \leq b)$$

と仮定します。

　ベイズの定理より、

$$\pi_i(x|\boldsymbol{u}_i) = \frac{L(\boldsymbol{u}_i|x)\pi_i(x)}{\displaystyle\int_{-\infty}^{\infty} L(\boldsymbol{u}_i|x)\pi_i(x)dx}$$

という関係が成立します。Xの事後確率密度関数である $\pi_i(x|\boldsymbol{u}_i)$ について、確率密度関数なのですから当然ではありますけれども、

$$\int_{-\infty}^{\infty} \pi_i(x|\boldsymbol{u}_i)\,dx = 1$$

という関係が成立します。したがって、x_1 と x_2 と…と x_m と…と x_M は変数でなく定数であることに留意しつつ受験者の人数である N について整理すると、

$$\begin{aligned}
N &= \underbrace{1 + \cdots + 1}_{N} \\
&= \int_{-\infty}^{\infty} \pi_1(x|\boldsymbol{u}_1)\,dx + \cdots + \int_{-\infty}^{\infty} \pi_N(x|\boldsymbol{u}_N)\,dx \\
&\approx \{\pi_1(x_1|\boldsymbol{u}_1) + \cdots + \pi_1(x_M|\boldsymbol{u}_1)\}\Delta + \cdots \\
&\quad \cdots + \{\pi_N(x_1|\boldsymbol{u}_N) + \cdots + \pi_N(x_M|\boldsymbol{u}_N)\}\Delta \\
&= \{\pi_1(x_1|\boldsymbol{u}_1) + \cdots + \pi_N(x_1|\boldsymbol{u}_N)\}\Delta + \cdots \\
&\quad \cdots + \{\pi_1(x_M|\boldsymbol{u}_1) + \cdots + \pi_N(x_M|\boldsymbol{u}_N)\}\Delta \\
&= \sum_{i=1}^{N}\{\pi_i(x_1|\boldsymbol{u}_i)\Delta\} + \cdots + \sum_{i=1}^{N}\{\pi_i(x_M|\boldsymbol{u}_i)\Delta\}
\end{aligned}$$

です。つまり Nは、

$$\hat{N}_m = \sum_{i=1}^{N}\{\pi_i(x_m|\boldsymbol{u}_i)\Delta\}$$
$$= \{\pi_1(x_m|\boldsymbol{u}_1) + \cdots + \pi_N(x_m|\boldsymbol{u}_N)\}\Delta$$

とおくと、

$$\hat{N}_1 + \cdots + \hat{N}_m + \cdots + \hat{N}_M \approx N$$

と整理できます。話をまとめると、$\hat{N}_m$ の意味は、N 人のうちで能力の値が x_m である受験者の人数だと解釈できます。

ところで $\hat{N}_m$ を整理すると、ベイズの定理より、

$$\hat{N}_m = \{\pi_1(x_m|\boldsymbol{u}_1) + \cdots + \pi_N(x_m|\boldsymbol{u}_N)\}\Delta$$
$$= \left\{\frac{L(\boldsymbol{u}_1|x_m)\pi_1(x_m)}{\int_{-\infty}^{\infty} L(\boldsymbol{u}_1|x)\pi_1(x)dx} + \cdots + \frac{L(\boldsymbol{u}_N|x_m)\pi_N(x_m)}{\int_{-\infty}^{\infty} L(\boldsymbol{u}_N|x)\pi_N(x)dx}\right\}\Delta$$
$$\approx \left\{\frac{L(\boldsymbol{u}_1|x_m)\pi_1(x_m)}{\sum_{h=1}^{H}\{L(\boldsymbol{u}_1|x_h)\pi_1(x_h)\Delta\}} + \cdots + \frac{L(\boldsymbol{u}_N|x_m)\pi_N(x_m)}{\sum_{h=1}^{H}\{L(\boldsymbol{u}_N|x_h)\pi_N(x_h)\Delta\}}\right\}\Delta$$
$$= \frac{L(\boldsymbol{u}_1|x_m)\pi_1(x_m)}{\sum_{h=1}^{H} L(\boldsymbol{u}_1|x_h)\pi_1(x_h)} + \cdots + \frac{L(\boldsymbol{u}_N|x_m)\pi_N(x_m)}{\sum_{h=1}^{H} L(\boldsymbol{u}_N|x_h)\pi_N(x_h)}$$

です。上式において、

$$\begin{cases} \pi_i(x) = \dfrac{1}{\sqrt{2\pi}}\exp\left(-\dfrac{x^2}{2}\right) \\ H = 40 \\ N = 3 \end{cases}$$

とおいたものが 81 ページの $\hat{N}_m$ です。ちなみに 83 ページの $\hat{r}_{j,m}$ の意味は、前段落の説明を踏まえればわかるように、$\hat{N}_m$ 人のうちで問題 j に正答した受験者の人数だと解釈できます。

順序性のあるデータの関連の度合いを調べる
—テトラコリック相関係数とポリコリック相関係数—

付録3で説明するのは、項目反応理論の本によっては言及している場合もある、**テトラコリック相関係数**です[†11]。**四分相関係数**とも呼ばれます。

テトラコリック相関係数を発展させたものが、ものすごく簡単に最後で説明する、**ポリコリック相関係数**です。と言うよりも、ポリコリック相関係数の最も単純なものがテトラコリック相関係数です。

説明にあたって次のように定義します。

- 身長や体重や100 m走の記録などのように、連続した値からなる変数を「連続変数」と言う。
- 「まずい」「どちらとも言えない」「おいしい」のように、順序性のあるカテゴリーからなる変数を「順序変数」と言う。

1．相関係数

相関係数とは、連続変数と連続変数の関連の度合いをあらわす指標のことです[†12]。2つの変数が強く関連しているほど値がプラス1かマイナス1に近づき、そうでないほど0に近づきます。ちなみに次図における身長と体重の相関係数の値は、0.916です。

---

†11　なぜ言及している場合もあるかと言うと、テストに含まれる全問題が「計算能力」とか「空間認識能力」といった単一の能力を測定するものであるかどうかを確認するために、テトラコリック相関係数に基づいて**因子分析**をおこなうことがあるからです。因子分析については、たとえば、拙著『マンガでわかる統計学【因子分析編】』（オーム社）を参考にしてください。

†12　相関係数の計算などの詳細については、たとえば、拙著『マンガでわかる統計学』（オーム社）を参考にしてください。なお当該書では相関係数を「単相関係数」と呼んでいます。

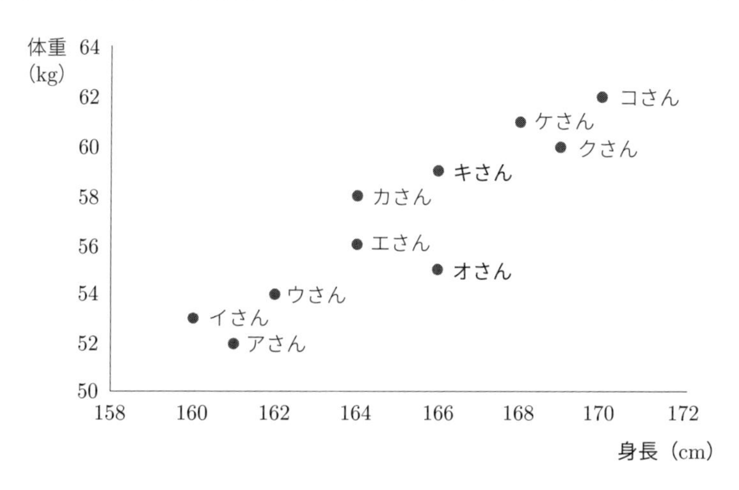

下図は、相関係数の値とデータの雰囲気を表現したものです。

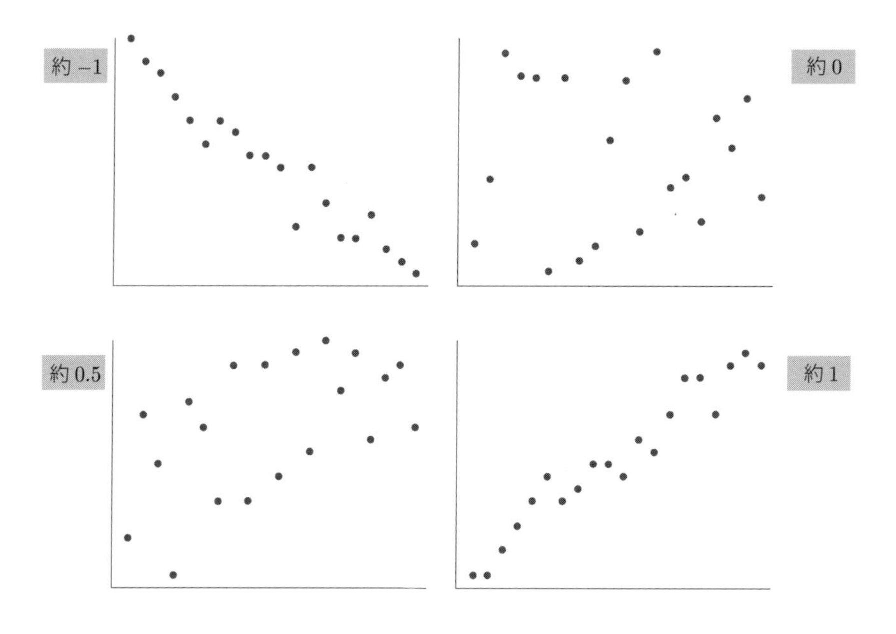

2．2 変量正規分布

X_1 も X_2 も連続型の確率変数であるとします。(X_1, X_2) の確率密度関数が以下のものであるならば、「(X_1, X_2) は**2 変量正規分布**にしたがう」と表現します。式中の ρ は、X_1 と X_2 の相関係数を意味しています。たとえば、μ_1 は X_1 の平均を意味していて、σ_2 は X_2 の標準偏差を意味しています。

$$f(x_1, x_2) = \frac{1}{(\sqrt{2\pi})^2 \sigma_1 \sigma_2 \sqrt{1-\rho^2}}$$

$$\times \exp\left\{-\frac{1}{2(1-\rho^2)}\left(\left(\frac{x_1-\mu_1}{\sigma_1}\right)^2 - 2\rho\left(\frac{x_1-\mu_1}{\sigma_1}\right)\left(\frac{x_2-\mu_2}{\sigma_2}\right) + \left(\frac{x_2-\mu_2}{\sigma_2}\right)^2\right)\right\}$$

X_1 と X_2 をそれぞれ基準化した場合の確率密度関数は、基準化の定義からわかるように、

$$f(z_1, z_2) = \frac{1}{(\sqrt{2\pi})^2 \sqrt{1-\rho^2}} \exp\left\{-\frac{z_1^2 - 2\rho z_1 z_2 + z_2^2}{2(1-\rho^2)}\right\}$$

です。この式は、後述する計算に必要ゆえ前もって説明しておくと、以下のように書き替えられます。

$$f(z_1, z_2) = \frac{1}{(\sqrt{2\pi})^2 \sqrt{1-\rho^2}} \exp\left\{-\frac{(z_2-\rho z_1)^2}{2(1-\rho^2)} - \frac{z_1^2}{2}\right\}$$

$$= \frac{1}{\sqrt{2\pi}} \exp\left(-\frac{z_1^2}{2}\right) \times \frac{1}{\sqrt{2\pi}\sqrt{1-\rho^2}} \exp\left\{-\frac{1}{2}\left(\frac{z_2-\rho z_1}{\sqrt{1-\rho^2}}\right)^2\right\}$$

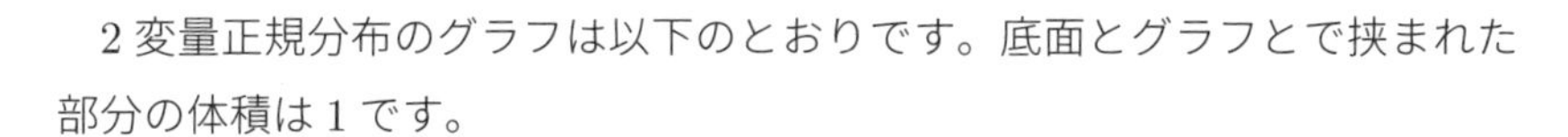

2 変量正規分布のグラフは以下のとおりです。底面とグラフとで挟まれた部分の体積は 1 です。

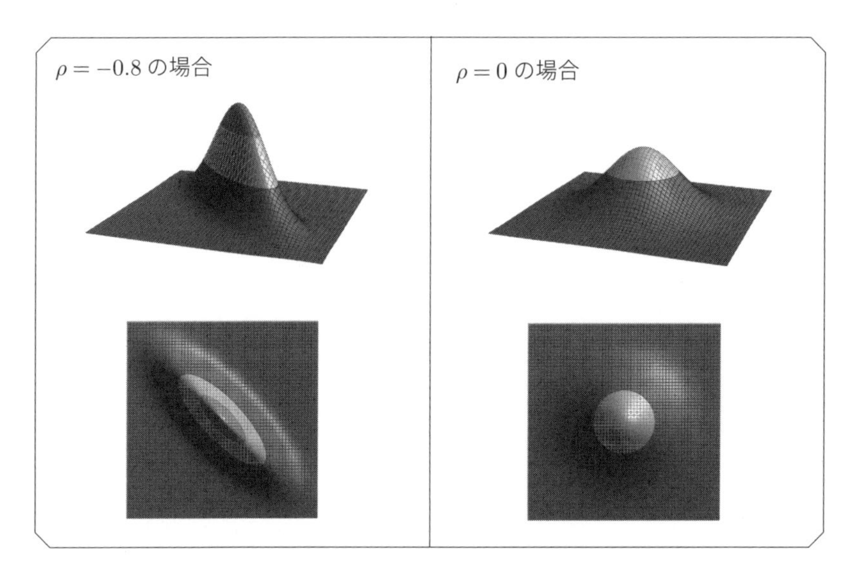

3. テトラコリック相関係数とポリコリック相関係数

下表に記されているのは、あるピアノコンクールについてのデータです[†13]。

	【連続変数】 練習時間 x_1	【連続変数】 練習時間の基準値 z_1	【連続変数】 予選の得点（非公表） x_2	【連続変数】 予選の得点の基準値 z_2	【順序変数】 予選通過は？（した＝1） u_2
参加者 1	188	$\frac{188-197}{20}=-0.45$	?	?	0
⋮	⋮	⋮	⋮	⋮	⋮
参加者 400	219	$\frac{219-197}{20}=1.1$	?	?	1
平均	197	0	?	0	$\frac{20}{400}=0.05$
標準偏差	20	1	?	1	$\sqrt{0.05(1-0.05)}$

†13　表中の「予選」の意味は、「1 次予選」です。「練習時間」の意味は、「1 次予選の前日の練習時間」です。

x_1 と u_2 の関連の度合いを調べたかったとします。予選を通過するかどうかは予選の得点にかかっているのですから、「x_1 と u_2 の関連の度合いを調べること」は「x_1 と x_2 の関連の度合いを調べること」と同義とも言えますし、「z_1 と z_2 の関連の度合いを調べること」とも言えます。しかし x_2 は公表されていませんし、だからこそ、その基準値である z_2 も不明です。

z_2 は標準正規分布にしたがうとします。なおかつ、z_2 と u_2 について、

$$u_2 = \begin{cases} -\infty < z_2 < 1.64 \text{ の場合は } & 0 \\ 1.64 \leq z_2 < \infty \text{ の場合は } & 1 \end{cases}$$

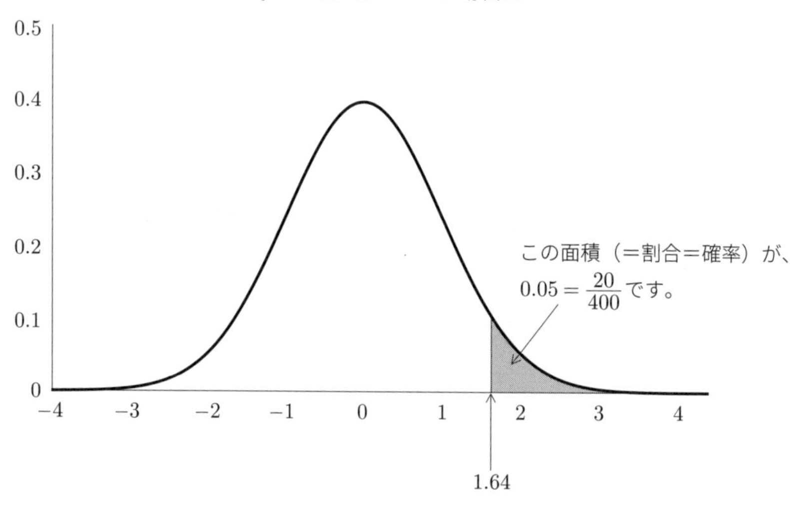

という関係が成立しているとします。ならば練習時間の基準値が α である参加者 i が予選を通過する確率は次のとおりです。なお式中の $f(z_1,\ z_2)$ には 2 変量正規分布の確率密度関数を仮定しています。ρ は、z_1 と z_2 の相関係数であり、x_1 と x_2 の相関係数でもあります。

$$
\begin{aligned}
&P(u_{i,2}=1|\rho)\\
&=\frac{\displaystyle\int_{1.64}^{\infty} f(\alpha, z_2)\,dz_2}{\displaystyle\int_{-\infty}^{\infty} f(\alpha, z_2)\,dz_2}\\
&=\frac{\displaystyle\int_{1.64}^{\infty} \frac{1}{(\sqrt{2\pi}\,)^2\sqrt{1-\rho^2}}\exp\left\{-\frac{\alpha^2-2\rho\alpha z_2+z_2^2}{2(1-\rho^2)}\right\}dz_2}{\displaystyle\int_{-\infty}^{\infty} \frac{1}{(\sqrt{2\pi}\,)^2\sqrt{1-\rho^2}}\exp\left\{-\frac{\alpha^2-2\rho\alpha z_2+z_2^2}{2(1-\rho^2)}\right\}dz_2}\\
&=\frac{\displaystyle\frac{1}{\sqrt{2\pi}}\exp\left(-\frac{\alpha^2}{2}\right)\times\int_{1.64}^{\infty} \frac{1}{\sqrt{2\pi}\sqrt{1-\rho^2}}\exp\left\{-\frac{1}{2}\left(\frac{z_2-\rho\alpha}{\sqrt{1-\rho^2}}\right)^2\right\}dz_2}{\displaystyle\frac{1}{\sqrt{2\pi}}\exp\left(-\frac{\alpha^2}{2}\right)\times\int_{-\infty}^{\infty} \frac{1}{\sqrt{2\pi}\sqrt{1-\rho^2}}\exp\left\{-\frac{1}{2}\left(\frac{z_2-\rho\alpha}{\sqrt{1-\rho^2}}\right)^2\right\}dz_2}\\
&=\int_{1.64}^{\infty} \frac{1}{\sqrt{2\pi}\sqrt{1-\rho^2}}\exp\left\{-\frac{1}{2}\left(\frac{z_2-\rho\alpha}{\sqrt{1-\rho^2}}\right)^2\right\}dz_2
\end{aligned}
$$

本節の冒頭の表に記された 400 人のデータが得られる確率は、

$$
\begin{aligned}
&P(u_{1,2}=0,\cdots,u_{400,2}=1|\rho)\\
&=P(u_{1,2}=0|\rho)\times\cdots\times P(u_{400,2}=1|\rho)\\
&=\left\{1-\int_{1.64}^{\infty} \frac{1}{\sqrt{2\pi}\sqrt{1-\rho^2}}\exp\left\{-\frac{1}{2}\left(\frac{z_2-\rho\times(-0.45)}{\sqrt{1-\rho^2}}\right)^2\right\}dz_2\right\}\times\cdots\\
&\qquad\cdots\times\int_{1.64}^{\infty} \frac{1}{\sqrt{2\pi}\sqrt{1-\rho^2}}\exp\left\{-\frac{1}{2}\left(\frac{z_2-\rho\times 1.1}{\sqrt{1-\rho^2}}\right)^2\right\}dz_2
\end{aligned}
$$

です。これを ρ の尤度関数と解釈すれば、最尤推定値である $\hat{\rho}$ を算出できます。

仮に練習時間についても、次表のように、連続変数である x_1 は不明である一方で 2 つのカテゴリーからなる u_1 は明らかであるとします。なおかつ z_1 は標準正規分布にしたがい、z_1 と u_1 について、

$$u_1 = \begin{cases} -\infty < z_1 < -0.84 \text{ の場合は } & 0 \\ -0.84 \leq z_1 < \infty \text{ の場合は } & 1 \end{cases}$$

という関係が成立しているとします。この場合の、z_1 と z_2 の相関係数であり x_1 と x_2 の相関係数でもある ρ を、「u_1 と u_2 の**テトラコリック相関係数**」と言います。

	【連続変数】練習時間（不明）	【連続変数】練習時間の基準値	【順序変数】練習時間は180分以上？（はい＝1）	【連続変数】予選の得点（非公表）	【連続変数】予選の得点の基準値	【順序変数】予選通過は？（した＝1）
	x_1	z_1	u_1	x_2	z_2	u_2
参加者 1	?	?	0	?	?	0
⋮	⋮	⋮	⋮	⋮	⋮	⋮
参加者 400	?	?	1	?	?	1
平均	?	0	$\frac{320}{400} = 0.8$	?	0	$\frac{20}{400} = 0.05$
標準偏差	?	1	$\sqrt{0.8(1-0.8)}$	?	1	$\sqrt{0.05(1-0.05)}$

いまのピアノコンクールの例を忘れてください。

u_1 も u_2 も順序変数であるとともに少なくともどちらか一方のカテゴリーの個数が 3 以上であるならば、ρ を「u_1 と u_2 の**ポリコリック相関係数**」と言います。

参考文献

- 加藤健太郎／山田剛史／川端一光『R による項目反応理論』（オーム社）2014
- 芝祐順編『項目反応理論　基礎と応用』（東京大学出版会）1991
- 高橋信『マンガでわかるベイズ統計学』（オーム社）2017
- 豊田秀樹『共分散構造分析〈入門編〉』（朝倉書店）1998
- 豊田秀樹『項目反応理論［理論編］』（朝倉書店）2005
- 豊田秀樹『項目反応理論［入門編］（第 2 版）』（朝倉書店）2012
- 野口裕之／大隅敦子『テスティングの基礎理論』（研究社）2014
- 別府正彦『「新テスト」の学力測定方法を知る IRT 入門　基礎知識からテスト開発・分析までの話』（河合出版）2015
- 光永悠彦『テストは何を測るのか　項目反応理論の考え方』（ナカニシヤ出版）2017

索 引

〈著者略歴〉
高橋　信（たかはし　しん）
1972年新潟県生まれ。九州芸術工科大学（現・九州大学）大学院芸術工学研究科情報伝達専攻修了。民間企業でデータ分析業務やセミナー講師業務などに従事した後、大学非常勤講師や非常勤研究員などを務めた。現在は、著述家として活動する傍ら、企業や大学などでの講演活動にも精力的に取り組んでいる。
主要な著書に『マンガでわかる統計学』『マンガでわかるベイズ統計学』『マンガでわかる線形代数』（いずれもオーム社）がある。スウェーデン語やイタリア語やロシア語などに翻訳されてもいる。
https://www.takahashishin.jp/
https://ruimiu.exblog.jp/

イラスト・マンガ：もりお

IRT項目反応理論入門
—統計学の基礎から学ぶ良質なテストの作り方—

2021年10月18日　第1版第1刷発行

著　者　高橋　信
発行者　村上和夫
発行所　株式会社 オーム社
郵便番号　101-8460
東京都千代田区神田錦町3-1
電話　03(3233)0641(代表)
URL　https://www.ohmsha.co.jp/

組版　チューリング　　印刷・製本　三美印刷
ISBN978-4-274-22768-4　Printed in Japan